Urs Hafner • Dönnis Erdscheibe

Urs Hafner

Dönnis Erdscheibe

Ein Käser und seine Welt

CHRONOS

Umschlagbild: Dönnis Weltzeituhr von 1904, ohne Zeiger.

ISBN 978-3-0340-1793-0

Chronos Verlag
Zeltweg 27
CH-8032 Zürich
www.chronos-verlag.ch
info@chronos-verlag.ch

Produktsicherheit:
Verantwortliche Person gemäss EU-Verordnung 2023/988 (GPSR)
GVA Gemeinsame Verlagsauslieferung Göttingen GmbH & Co. KG
Postfach 2021
37010 Göttingen
Deutschland
T +49 551 384 200 0
info@gva-verlag.de

Inhalt

«Seit die Erde eine Kugel geworden ist,
nimmt sie jeder Lump ganz in die Hand.»

Elias Canetti, Die Fliegenpein

Der besseren Lesbarkeit halber habe ich die Quellenzitate behutsam modernisiert. Auf Fussnoten habe ich verzichtet. Das Verzeichnis der Quellen und Literatur findet sich im Anhang des Buchs, ebenso Dönnis vier Schriften, die er selbst publiziert hat. Heute ruhen sie im Schweizerischen Bundesarchiv in Bern. Ich habe sie in der Originalfassung ediert.

Die Schachtel im Archivkeller

Im Herbst 2023 stieg ich einmal mehr in den Keller hinab in das dritte Untergeschoss. Im Tiefenmagazin des Schweizerischen Bundesarchivs in Bern suchte ich nach geeigneten Objekten für dessen Social-Media-Kanäle. Das Archiv bewahrt nicht nur Unterlagen aus Papier, sondern auch Gegenstände auf, die zuweilen auf verschlungenen Wegen in seinen Katakomben gelandet sind.

Ich betrat den Raum mit den Objekten. Klickend sprangen die Neonröhren an, ich begann zu stöbern. Im Kopf hatte ich eine Taschenuhr, die ein Uhrmacher aus La Chaux-de-Fonds Ende des 19. Jahrhunderts hatte patentieren lassen, weil sie eine Gangreserve von acht Tagen schaffte. Die Zahnräder würden ein hübsches Motiv abgeben, dachte ich mir. Bevor ich den Metallschrank öffnete, in dem ich die Uhr vermutete, fiel mein Blick auf eine eigenartige Schreibmaschine. Auch sie würde sich gut machen im Internet. Daneben stand eine Holzplanke mit Unterschriften, die gegen einen Bahnausbau protestierten, in einer Kiste lagen Plakate einer Landesausstellung. Zwei aus einem Holzblock geschnitzte Schwinger, die sich intensiv umklammerten, schauten auf sie herab.

Und dann erblickte ich die Schachtel. Aus massivem Karton angefertigt stand sie auf einem Tisch. Verblichen und eingerissen war das dicke Papier, in das sie eingeschlagen war. Auf dem Deckel klebten Adressetiketten und eine blaue Briefmarke, ich entzifferte «Luzern» und «Bern».

Die Schachtel zu öffnen war nicht einfach, weil der alte Karton sich im Lauf der Zeit verbogen hatte. Sie enthielt ein bunt bemaltes Relief – das Relief der flachen Erde, der Erde als kreisrunder Scheibe. In der weiss bemalten Mitte steckte ein Schweizerfähnchen. Oben links hatte der Schöpfer des Werks seinen Namen angebracht, fein säuberlich mit Farbe und Pinsel: «M. Dönny». Die Erde nicht als Globus, sondern als Scheibe und selbstgebastelt? Ich staunte. Ich hatte ein neues Objekt für Facebook entdeckt, die vielen Freunde der flachen Erde würden sich freuen.

Und ich hatte auch etwas für mich entdeckt. Wer war dieser Dönny, wieso hatte er ein Erdrelief gebastelt und warum stand es im Bundesarchiv? Unter dem Relief lagen einige Broschüren, alle um 1900 verfasst von «Melchior Dönni». Der Mann benutzte für seinen Namen zwei Schreibweisen, sowohl mit «i» als auch mit «y».

Die Schachtel liess mich nicht mehr los. Ich versuchte, den Archivkatalog zu konsultieren, was gar nicht so einfach war: Nur mit Unterstützung konnte ich den Eintrag zum Relief ausfindig machen. Noch nie hatte jemand die Schachtel ausgeliehen, ich war der Erste. Ich studierte die Broschüren, suchte weiter, fuhr nach

Luzern, wo Dönni, ein Käser, gelebt hatte. Er war ein Flacherdler, wie man heute in Anlehnung an den englischen Ausdruck «Flatearther» sagt. Die Bewegung entstand bereits in der zweiten Hälfte des 19. Jahrhunderts in England und breitete sich von dort vor allem in die Vereinigten Staaten aus. Diese Geschichte ist gut dokumentiert. Im deutschsprachigen Raum aber schienen die «Flatearther» damals keine Ableger gefunden zu haben. Davon geht man bis heute aus.

Ich wusste: Das Relief und der Käser sind ein Stoff für die Medien, das Publikum interessiert sich für diese Geschichte. Für die «NZZ am Sonntag» schrieb ich über Melchior Dönni und seinen Glauben, dass die Erde keine Kugel, sondern flach sei. Die Redaktion setzte über den Text den Titel «Der erste Flacherdler der Schweiz», was mir leicht übertrieben erschien. Der Artikel fand ein grosses Echo. Kurz nach der Corona-Pandemie waren Verschwörungstheoretiker in aller Munde. Sie hatten nach den staatlich verordneten «Lockdowns» und Impfaktionen Auftrieb erhalten. Mit Alu-Hüten auf dem Kopf demonstrierten sie für Meinungsfreiheit und gegen die Diktatur. Manche behaupteten, der Impfstoff sei tödlich und die Erde eine Scheibe.

Ein paar Wochen später erhielt ich von der Zeitungsredaktion einen Brief, der an mich adressiert war. Der Absender: Ein Mann aus der Innerschweiz. Ich war perplex: Er schrieb, er sei Melchior Dönnis Enkel. Mit spitzer Feder machte er mich auf biografische Fehler aufmerksam, die mir im Artikel unterlaufen waren. Er störte sich am, wie er fand, herablassenden Tonfall, in dem ich über seinen Grossvater, den Molkereibesitzer, geschrieben hatte. In der Tat hatte ich dessen Irrglauben hervorgehoben, und der Titel suggerierte, Melchior Dönni sei ein Vorläufer der heutigen Flacherdler, die sich auf Facebook tummeln. Aber Dönni war kein Verschwörungstheoretiker.

Ich suchte im Internet die Telefonnummer des Enkels und rief ihn an, weil ich mit ihm reden wollte, auch wenn er seinen Grossvater, der 1916 verstorben war, nicht mehr gekannt haben konnte. Der Enkel war bereit, mich für eine Aussprache zu empfangen. Er müsse mir ausserdem noch ein paar Sachen zeigen. Nachdem ich geklingelt hatte, öffnete ein rüstiger Herr mit Gehstock die Tür und führte mich ins Arbeitszimmer seines Heims, dessen schöne Möbel mir auffielen. Mit funkelnden Augen fragte er mich, wer ich sei. Darauf skizzierte er mir kurz und knapp seine Berufslaufbahn.

Er wartete mit einer Überraschung auf: Auf dem Stubentisch waren Schriftstücke und Fotos seines Grossvaters ausgebreitet. Das erste Mal erblickte ich Melchior Dönni, über den ich so viel nachgedacht hatte! Was ich bloss angerichtet hätte, seufzte der Enkel, nun hole ihn die Familiengeschichte wieder ein, mit der er eigentlich abgeschlossen habe. Er schob mir einen kleinen Dönni-Stammbaum zu, den er für mich aufgestellt hatte.

Ohne dass wir uns explizit darüber verständigten, machte ich mir Notizen. Der Enkel liess mich die Unterlagen fotografieren und händigte mir sogar Kopien aus, die er für mich angefertigt hatte. Der Fall schien mir klar: Nicht nur ich, auch er wollte mehr über Melchior Dönni, seinen Grossvater, erfahren, über den man in der Familie gemunkelt habe, er sei zwar ein wohlhabender Molkereibesitzer gewesen, habe aber leider auch geglaubt, die Erde sei eine Scheibe.

Neben seinen Unterlagen gab mir der Enkel die Adresse eines Urenkels seines Grossvaters. Dieser besitze vielleicht noch mehr Material. Sein Name: Georg Dönni. Auch ihn rief ich an, auch er war sofort bereit, mich zu treffen. Am Bahnhof Langenthal holte der schneidige, in Schwarz gekleidete Mann mich mit einem Oldtimer ab – mein Traumauto, ein Jaguar XJ-S, zwar nicht in Grün, dafür in feurigem Rot. Nachdem Georg Dönni mir dargelegt hatte, dass er vom öffentlichen Verkehr nicht viel halte, brauste er mit mir zuerst zu seiner Firma im Luzernischen. Seine Garage repariert und restauriert alte Jaguars.

Weiter ging die Fahrt in die Stadt Luzern. Souverän manövrierte Georg Dönni den Wagen durch den Abendstau, um mir Melchior Dönnis ehemaligen Wohnsitz im Zentrum zu zeigen. Auf dem Dachtürmchen des Hauses ragt eine metallene Wetterfahne mit den Initialen MD, «Melchior Dönni», in den Himmel. Durch die Glasscheibe der Türe spähten wir in den Hausflur. Hier also hatte Melchior Dönni seine Theorie geschaffen.

Dann fuhr Georg Dönni mich aus der Stadt hinaus aufs Land. Immer höher führte das Strässchen, dessen Kurven das Auto immer schneller nahm, bis es vor einem noch immer modern anmutenden Landhaus stehenblieb. Georg Dönni öffnete das eiserne Tor. Das auf einem Hügelzug gelegene Anwesen bietet einen atemberaubenden Blick auf Zuger- und Vierwaldstättersee. Ich konnte mich kaum satt sehen.

Hier erlebte ich meine zweite Überraschung: Im Wohnzimmer hing ein weiteres Weltrelief von Melchior Dönni. Es ist kleiner als jenes im Bundesarchiv in Bern, dafür mit vier Zeigern ausgestattet. Melchior Dönni hatte eine Art Weltzeituhr gebaut. Unter ihr erstreckte sich eine Bücherwand, die schon länger keinen Zuwachs mehr bekommen hatte, aber noch immer benutzt wird.

Georg Dönni stieg kurzerhand auf einen Stuhl, nahm das Relief von der Wand und schraubte es auf, weil ich das Uhrwerk sehen wollte. Während ich die Einzelteile begutachtete, suchte er im Estrich nach Dokumenten seines Urgrossvaters. Mit einem Stapel Papier unter dem Arm kehrte er zurück. Er erklärte mir, wer die Personen auf den Bildern waren. Ich durfte alles fotografieren. Nicht nur ich und Melchior Dönnis Enkel, auch Urenkel Georg Dönni wollte mehr über «Melk» erfahren.

Nun gab es kein Zurück mehr. Ich musste in Erfahrung bringen, wer Melchior Dönny oder Dönni gewesen war und was ihn dazu gebracht hatte, nicht nur den Glauben an die Kugelgestalt der Erde aufzugeben, den man ihm in der Schule beigebracht hatte, sondern in mehreren Broschüren die Flachheit des Globus zu verkünden und mindestens zwei Erdreliefs zu bauen. Ich musste ein Buch über ihn schreiben. Melchior Dönni darf nicht vergessen gehen.

In den folgenden Wochen und Monaten fuhr ich in das Stadtarchiv und das Staatsarchiv Luzern, um über Dönni zusammenzutragen, was ich finden konnte. Ich schrieb Bibliotheken an und recherchierte im Internet nach Theorien der flachen Erde, ich fahndete nach Scheibenerdlern in der Innerschweiz. Letztlich fand ich weniger, als ich gehofft hatte, aber auch aus einem negativen Resultat lassen sich Erkenntnisse ziehen.

Wie ein erratischer Block steht Melchior Dönni, der schmächtige Käser, in der weltanschaulichen und wissenschaftsgeschichtlichen Landschaft der Schweiz, ja des deutschsprachigen Raums. Dieser Stoff ist eine Studie Wert.

Mein Buch erzählt Melchior Dönnis intellektuelle und biografische Geschichte, soweit ich sie in Erfahrung bringen konnte. Die meisten Menschen würden ihn wohl einen Spinner nennen, damals wie heute. Wer glaubt schon allen Ernstes, die Erde sei flach? Die akademische Welt hätte ihn als Pseudowissenschaftler bezeichnet, wenn sie ihn zur Kenntnis genommen hätte, aber diese Ehre ist ihm nicht zuteilgeworden. In den Augen der etablierten Wissenschaftler sind Flacherdler und «Klimaskeptikerinnen», Homöopathinnen und Verschwörungstheoretiker allesamt Pseudowissenschaftler. Sie tun so, als wären sie Wissenschaftler, dabei gehen sie unwissenschaftlich vor. Allerdings sind Pseudowissenschaftler immer die anderen, wie der Wissenschaftsforscher Michael D. Gordin sagt. Niemand nennt sich selbst so.

Dönni wurde trotz seinen Publikationen und Reliefs ignoriert. Er konnte nicht einmal vergessen gehen, da man sich nie an ihn erinnert hat.

In diesem Buch versuche ich, in Erfahrung zu bringen, wie der Nicht-Akademiker Melchior Dönni zum Theoretiker und Astronomen wurde, der sich gegen die Experten stellte. Um das herauszufinden, muss ich einige Umwege beschreiten, auch Spekulationen sind notwendig. Dönni und seine direkten Nachkommen haben zu wenige Aufzeichnungen hinterlassen, als dass sich sowohl die Entstehung der Theorie des Käsers als auch seine intellektuelle Entwicklung rekonstruieren liessen. Seinen Söhnen und Töchtern dürfte die Scheibenerde egal oder gar peinlich gewesen sein.

Die folgenden Kapitel führen zu Dönnis Beruf und zur boomenden Touristenstadt Luzern mit ihren Attraktionen in der zweiten Hälfte des 19. Jahrhunderts. Ich schildere die eigenartigen Szenen und Figuren der Flacherdler,

Antikopernikaner, Ptolemäer und Welteis-Theoretiker, die sich in England, den Vereinigten Staaten und Deutschland nachweisen lassen. Auch die griechische Antike kommt vor, die den Globus der Scheibe vorzog. Ich stelle Flacherdler vor, die Kolonialismus und Rassismus bekämpften. Und immer wieder kommt Melchior Dönni zu Wort. Lyrisch hat er vor dem Krieg gewarnt.

Ein Relief, kein Globus

Am 24. September 1902 macht Melchior Dönni sich auf den Weg zur Post Luzern-Hof. Im Arm trägt er eine gut verschnürte Schachtel.

Eigentlich liegt die Post ganz in der Nähe der Löwenstrasse im Wey-Quartier, wo Dönni wohnt. Zur Feier des Tages macht er aber einen Umweg. Er, der rastlose Schaffer, nimmt sich eine Stunde frei, um den Moment zu geniessen, der sein Leben verändern wird. Er geht zum Schweizerhofquai und weiter über die Seebrücke zum Bahnhofplatz, um einen Blick auf den schlossartigen Sitz der Gotthardbahngesellschaft zu werfen. Die allegorischen Frauenfiguren unter dem Dach künden vom Fortschritt der Technik und vom windungsreichen Lauf der Alpenflüsse.

Der allerorten gefeierte Fortschritt, er ist nicht das Mass aller Dinge, er verblendet die Sinne, geht es Dönni durch den Kopf. Neue Bahnen erklimmen die höchsten Gipfel und brausen durch die Berge, aber die Menschen sehen das Wesentliche nicht. Das Wasser der Flüsse, Seen und Meere bleibt verlässlich. Ja, das Wasser, es fliesst stets dem tiefsten Punkt zu. Die Reuss ergiesst sich vom Gotthard in den Vierwaldstättersee und von dort in den Rhein nach Basel und ins Meer, in den Ozean.

Dönni lässt seinen Blick weiter schweifen: von den Hotelpalästen am See über die Rigi und die pompöse Kuppel des Bahnhofs zum Pilatus und zur Fassade der Hauptpost mit ihren vier antiken Säulen, auf denen noch mehr Marmorfrauen stehen. Warum nur verkünden sie nicht den Frieden und versöhnen die Menschen, die miteinander im Streit liegen? Dönni liebt seine Stadt, aber er hadert mit ihren Bewohnerinnen und Bewohnern.

Luzern, die Leuchtenstadt: Kaum eine andere Schweizer Stadt wartet um 1900 mit so viel Grandeur und Chic auf. Wohlhabende Menschen aus der ganzen Welt besuchen sie, um die Berge, den See und das Löwendenkmal zu bestaunen. Nur das Offensichtliche sehen sie nicht. Sie sind verblendet und leichtgläubig, denkt Dönni, sie denken nicht eigenständig.

Er nimmt den Weg zurück, überquert wieder die Brücke und den Löwenplatz und begibt sich an die Zürichstrasse zur Postfiliale Luzern-Hof, wo er das Personal kennt. Am Schalter gibt er das Paket ab.

Dönni hat die Schachtel mit Hingabe verpackt. Sie ist in Papier eingeschlagen, dessen Muster eine Holzmaserung imitiert, passend zum Inhalt. Die Schachtel enthält Dönnis «Erdrelief Nr. 2» – das Modell der Erde nicht als Globus, sondern als hölzerne Scheibe. Er hat die Erdscheibe selbst gebaut. Auf die Innenseite des Deckels hat er seine blaue «Erdkarte Nr. 2» geklebt, die das Relief als Zeichnung wiedergibt.

Das Relief ist ein einfaches Gebilde. Auf einem quadratischen Holzbrett, das etwa dreissig auf dreissig Zentimeter misst, dehnt sich ein weisser Kreis aus Papiermaché, der die Welt mit ihren blauen Meeren und den braunen Erdteilen umfasst. Auch die sich über dem Brett erhebenden Berge sind aus Papiermaché geformt. Dönni hat die wichtigsten Erdteile mit roten Buchstaben beschriftet: das weisse Eisgebirge, das den äusseren Rand der Erde bildet und die Ozeane am Abfliessen hindert, den Nordpol in der Mitte der Scheibe, der ebenfalls weiss bemalt ist, ferner Europa, Amerika, Afrika, Australien und Afrika.

Das Relief ist ein didaktisches Kunstwerk. Dönni hat es mit Hingabe gestaltet. Rote Kreise zeigen den Lauf der Sonne an, die über der Erdscheibe ihre Runden dreht und für den Unterschied von Tag und Nacht und die Temperaturdifferenzen sorgt. Die ringförmige «Heisse Zone» wird am intensivsten von der Sonne beschienen. Wer das Relief betrachtet, wird nicht nur unmittelbar die flache Gestalt der Erde und die Bahn der Sonne begreifen, sondern auch Zuneigung zur Erdscheibe fassen. Am liebsten würde man sie anfassen. Das Relief ist konkreter und dem Begreifen zugänglicher, sinnlicher und haptischer als eine Karte, aber auch als ein glatter Globus. Es ist mehr als nur die objektive Wiedergabe einer Naturtatsache, es verwandelt die Welt in ein Schmuckstück.

Mitten im Nordpol, im Zentrum der Scheibe und also der Welt, steckt ein rotweiss bemalter Nagel mit einem neckischen Schweizerfähnchen in Schwalbenschwanzform. Dönni ist jedoch kein Nationalist und auch kein Kolonialist. Die Flagge spielt auch nicht auf die schweizerischen Expeditionen Richtung Nordpol an. Sie ist wohl bloss eine Reminiszenz an die internationale Tourismusmetropole Luzern. Dazu verweist die Miniflagge auf Dönnis Schalk. Sein Relief ist zwar eine weltumstürzende Novität, wie hoffentlich bald alle wissen werden, dahinter aber steckt er, Dönni. Er ist ein einfacher Mann, was ihm sehr wohl bewusst ist, kein Professor, kein studierter Astronom und auch kein Physiker. Er ist ein «Senn», wie man in der Innerschweiz sagt, ein Käser und Molkereibesitzer. Aber einer, der den Dingen auf den Grund geht.

Am 24. September 1902 schickt Melchior Dönni seine Erfindung, sein «Relief Nr. 2», das er erst Anfang August vollendet hat, das zweite Mal dem Eidgenössischen Amt für Geistiges Eigentum nach Bern. Sein erster Versuch schlug fehl: Noch im August retournierte Amtsdirektor Friedrich Haller das Relief mit der belehrenden Bemerkung, der Bewerber müsse sein Gesuch «regelrecht» einreichen. Auch Kreativität hat sich an Vorgaben zu halten. Der Sendung lag eine Anleitung bei mit der Gebührenordnung.

Wahrscheinlich wird Dönnis Patentgesuch von Albert Einstein bearbeitet. Seit Kurzem ist der junge Physiker im Patentamt in Bern tätig, das in Bahnhofsnähe untergebracht ist. Haller hat ihn als «technischen Experten III. Klasse» eingestellt. Einstein mag nicht nur das gute Gehalt, das er dringend gebrauchen kann, sondern auch seine Arbeit. Die Fälle inspirieren ihn. Rückblickend nennt er das Amt, an dem er bis 1909 tätig sein wird, ein «weltliches Kloster, wo ich meine schönsten Gedanken ausgebrütet habe». Die mehr oder weniger pragmatischen, verblüffenden, verrückten Erfindungen, die er zu begutachten und ins Patentregister einzutragen hat, treiben sein Denken an.

Seine Relativitätstheorie wird Einstein den Ruf des exzentrischen Genies einbringen. 1930 schreibt er: «Der Urquell aller technischen Errungenschaften ist die göttliche Neugier und der Spieltrieb des bastelnden und grübelnden Forschers und nicht minder die konstruktive Phantasie des technischen Erfinders.» Mit Gott spielend am Werk, bastelnd, grübelnd und fantasierend: Dieses Bild passt nicht zum gängigen Wissenschaftsverständnis. So geht kein seriöser Forscher vor, so beschäftigt sich allenfalls ein Käser, der ein Astronom sein will. In Fachkreisen gilt die Relativitätstheorie anfänglich als Hirngespinst, als Pseudowissenschaft.

Im zweiten Anlauf ist Dönni erfolgreich. Das Amt patentiert seine Erfindung just am gleichen Tag, am 24. September, als er das Paket nochmals nach Bern schickt. Es ist zehn Uhr morgens, das Relief bekommt die Nummer 25 409. Das Patent hält etwas umständlich fest, dass «Gegenstand vorliegender Erfindung ein Erdrelief ist, bei welchem die dem Meeresniveau entsprechende ganze Erdfläche als Ebene abgebildet ist, aus welcher das Festland in Relief hervorragt.» Die «Erdkarte Nr. 2», die an der Innenseite des Deckels klebt, liest sich wie eine Gebrauchsanweisung zum Relief. Dick und rot sind wiederum die jahreszeitlichen Bahnen eingezeichnet, welche die Sonne über der Erde zieht. Der äussere «Erdkreis» ist mit «Eisgebirg» und «Eisgürtel» angeschrieben.

Drei Motive für die Patentierung seines Reliefs gibt Dönni auf einem handschriftlichen Blatt an, das er mitschickt oder bereits geschickt hat. Erstens will er «etwas zur Lösung dieses grossen Rätsels beitragen» – ohne dass er erklärt, worin das Rätsel besteht. Es muss sich um die Gestalt der Erde handeln, um ihre Form. Zweitens will er «seine diesbezügliche Ansicht und gründliche Überzeugung feststellen, drittens durch die Erdrelief-Erdkarte eine leicht übersichtliche Darstellung des Weltalls schaffen». Es geht Dönni um mehr als nur die Scheibenerde, er zielt ins All, in den Kosmos.

Das definitive Patent für sein Relief erhält Dönni erst am 15. Mai 1903, nachdem er zuvor wieder mit dem Amt korrespondiert hat. Was sich in den dazwischenliegenden acht Monaten ereignet hat, ist unklar. Dönni will dem Patenteintrag die Beschreibung «für Schulzwecke» beifügen, doch Direktor Friedrich

Haller teilt ihm mit, dies sei «aus gewissen sachlichen Gründen» nicht möglich, fügt aber an, dass es «Ihnen unverwehrt bleibt, in einem allfälligen Prospekt zu dem Erdrelief zu sagen, dass dasselbe für Schulzwecke bestimmt sei». Dönni befolgt den Rat nicht, und noch im gleichen Jahr, am 24. September 1903, erlischt das Patent, weil er die zweite Jahresgebühr nicht bezahlt.

Überraschend schnell scheint er von der Idee der kommerziellen Verwertung seiner Erfindung abgekommen zu sein. Vielleicht mag er kein Geld mehr nach Bern schicken, nachdem er vom Amt eher reserviert behandelt worden ist. Das heisst aber nicht, dass Dönni seinen Relief-Plan nicht weiterverfolgte. 1904 baut er ein neues Relief, das mit einer Innovation aufwartet. Zwei Namen gibt er ihm: «Erd-Relief» und «Welt-Uhr». Dieses Relief hängt heute im prächtigen Privathaus in der Innerschweiz, das ich besichtigen durfte. Es ist kleiner, aber noch schöner gestaltet als das «Relief Nr. 2», das er dem Amt in Bern geschickt hat. Fein sind die spielerisch verzierten Buchstaben auf das blaue Wasser gepinselt, auf dem ein Schiff fährt und die knallgelbe Sonne mit ihrem Strahlenkranz kreist. Der die Erde abschliessende Eisring heisst nun «Süd-Pol», vor ihm erstreckt sich «unerforschtes Gebiet».

Filigrane Pfeile zeigen auf wichtige Städte: New York, Paris, St. Petersburg, Melbourne. Und Luzern. Mitten in Grönland, auf dem Nordpol, erhebt sich keine Fahnenstange wie auf dem «Relief Nr. 2», sondern der metallene Stift, der das mit einem Ring stabilisierte Zeigerkreuz der Weltzeituhr vorantreibt. Ja, Dönnis Relief ist nicht weniger als eine Uhr, die den Gang der Sonne über der Erde anzeigt. Auf dem rotierenden Ring mit seinen vier Zeigern für die vier Himmelsrichtungen sind die 24 Stunden eingezeichnet. Ein Uhrmacher oder Dönni selbst hat das Uhrwerk so präpariert, dass der Zeiger seine Umdrehung in 24 Stunden nicht zweimal, sondern nur einmal macht, wie die Sonne.

Mit der Uhr befördert Dönni sein Weltbild in den Alltag. Jedes Mal, wenn der Blick auf das Zifferblatt mit seinem 24-Stunden-Rhythmus fällt, wird man daran erinnert, dass die Erde in dieser Zeitspanne sich nicht, wie laut Dönni fälschlicherweise geglaubt wird, einmal um die eigene Achse dreht, sondern die Sonne einmal über der Erde kreist – vorausgesetzt, die Weltzeituhr hängt gut sichtbar an öffentlichen Plätzen, an Kirchtürmen und in Bahnhöfen. Auf der Uhr erhält die Bewegung des Zeigers einen neuen Sinn. Er wird zum sinnlichen Instrument, das anzeigt, wo über der Erde die gehende Sonne gerade zu finden ist.

Technisch kann Dönnis Konstruktion es nicht mit jener aufnehmen, die fünf Jahre zuvor in Zürich gegen Eintrittsgeld zu bestaunen war. Um 1900 ziehen Grossuhren mit technischen Komplikationen die Leute in Scharen an. Der Schwarzwälder Uhrmacher August Noll präsentierte seine «mechanisch-astronomische Welt-Uhr» im Haus Metropol, wie die «Neue Zürcher Zeitung» 1899 berichtet. Das viereinhalb Meter hohe und vier Meter breite Möbel zeigte nicht nur die Sekunden, Minuten, Stunden, Tage, Wochen, Monate und Jahre an, sondern auch die «Hauptfeste der Christenheit» und die zwölf Apostel inklusive des eigens hervorgehobenen Verräters Judas. Obendrein war Nolls Weltzeituhr mit einem beleuchteten Modell ausgestattet, das die Rotation von Sonne, Mond und Erde demonstriert.

Dönnis Uhr ist bei weitem nicht so ausgefeilt, aber sie ist aus seiner Sicht Nolls Werk um Welten überlegen, denn nur sie gibt den Stand und die Bewegung von Erde und Sonne korrekt wieder. Die Sonne dreht sich über der stillstehenden Erde im Kreis. Wobei die Erde streng genommen nicht stillsteht, sondern sich schwebend allmählich der Sonne nähert.

Noch im gleichen Jahr, 1904, als Dönni die Weltzeituhr baut, publiziert er seine vierte Broschüre: «Gott der Vater, der Schöpfer der Natur». Detailliert legt er darin sein Weltbild dar. Bevor er dem Patentamt in Bern sein «Relief Nr. 2» geschickt hat, das heute im Bundesarchiv ruht, muss er bereits eines gebaut haben, ein Relief Nr. 1. Es ist verschollen. Wahrscheinlich ist es bei einem Hausverkauf im Abfall gelandet, wie mir Melchior Dönnis Enkel erzählt hat.

Eine Weltrelief-Uhr, zwei Weltreliefs, vier Broschüren, Zeichnungen – wie ist Melchior Dönni dazu gekommen, sein eigenartiges Weltbild auszuarbeiten und zu vertreten? Bevor ich versuche, seine Weltanschauung und deren Quellen zu rekonstruieren, wende ich mich seiner Biografie zu. Wer war der Mann, der sich vom Käser zum Kosmologen wandelte?

Aufstieg mit Butter und Käse

Melchior Dönnis Vorfahren kommen vom Land. Wie er selbst und wie die Behörden schreiben sie sich «Dönny» und «Dönni». Mit der Zeit wird das «y» vom schlichten «i» verdrängt.

Über Melchior Dönnis Eltern ist noch weniger bekannt als über ihn. Sein Vater heisst ebenfalls Melchior, auch «Melk» genannt, mit weiteren Vornamen Josef Remigi, und auch er ist Senn. Er wird 1806 in Buochs im Kanton Nidwalden geboren und hat vier Geschwister. Seine Eltern, also die Grosseltern väterlicherseits des Relieferbauers kommen in Wolfenschiessen zur Welt, der Vater 1768, die Mutter 1773.

1840 heiratet der bereits 34-jährige Melchior Josef Remigi Dönni, der Vater des Relieferbauers, die vier Jahre jüngere Maria Josefa Wechsler aus Willisau. Am 13. Januar 1842 wird ihr erstes Kind geboren, Melchior Dönni, der spätere Theoretiker der flachen Erde, ein Jahr später folgen Schwester Josefa Maria, dann Josef, der von Beruf Bäcker werden wird, und Balthasar, künftiger Schreiner. Die Kinder kommen in Luzern zur Welt, die Eltern sind in die Stadt gezogen. Als Melchior neun ist, stirbt sein Vater 1851 mit nur 45 Jahren im Quartier Hof.

Zu Melchior Dönnis Kindheit und Jugend ist nichts überliefert. Fest steht allein, dass seine Vorfahren aus dem ländlichen Milieu kommen – sein Bürgerort ist Wolfenschiessen in Nidwalden – und dass er in der Stadt aufwächst. Was hat sein Vater dort gemacht? Möglicherweise war der Senn im Milchhandel tätig oder in einer Molkerei angestellt; dass er selbst eine führte, ist unwahrscheinlich, sonst wäre der Sohn dort eingestiegen. Der Beruf hat in der Familie Dönni ebenso wie der Name Melchior, der an einen der heiligen drei Könige erinnert, die dem neugeborenen Jesus Geschenke brachten, eine patriarchale Note: Jeweils der Erstgeborene heisst Melchior und wird Käser. Das ist in den Jahren 1806, 1842, als der künftige Relieferbauer geboren wird, und 1881 der Fall, als dessen erster Sohn zur Welt kommt. 1907 reisst die Serie: Der neugeborene Melchior, Dönnis Enkel, ergreift den Beruf des Reiseleiters.

Fest steht ebenfalls, dass Melchior früh die schmerzhafte Erfahrung macht, den Vater zu verlieren. Zu seiner Mutter soll er eine enge Beziehung gehabt haben. Er ist ein Muttersohn. Der frühe Tod des Vaters scheint die Familie zusammenzuschweissen. Und selbstredend ist der Luzerner, wie all die Vornamen bezeugen, katholisch geprägt. Melchior erlernt den Beruf des Milchhändlers, wie einer seiner Brüder, die Schwester arbeitet als Haushälterin. 1872 lässt er sich für die Nationalratswahlen in das Stimmregister der Stadt Luzern eintragen.

1876 heiratet der inzwischen 34-jährige Melchior Dönni, der noch immer bei der Mutter wohnt, Katharina Korner aus Willisau-Land. Die beiden gründen an der Stadthofstrasse 11 einen Hausstand, der im aufstrebenden Wey-Quartier liegt. Das Paar führt den «Nidlenpalast», der oberhalb der Hofkirche an der heutigen Adligenswilerstrasse steht. Das Geschäft umfasst eine Käserei mit sogenanntem Milch- und Kaffeehaus; alkoholische Getränke darf es keine ausschenken. Damit hat Dönni beruflich einen Meilenstein erreicht. Der «Palast» ist weitum bekannt; er verkauft nicht nur Leckereien aus Rahm und Milch, sondern bietet auch eine grandiose Sicht auf See und Berge.

Der «Nidlenpalast» ist noch Anfang des 20. Jahrhunderts berühmt, als er dem heutigen Hotel Montana weichen muss. Ein nostalgisches «Feuilleton» des «Luzerner Tagblatts» beschwört das «göttliche Paradies», das Haus mit dem «breitgestreckten Spitzbodendach», das vor dreissig Jahren allein auf dem sonnigen Rain der Halde thronte: «Wie unendlich glücklich fühlten wir uns, als wir einmal mit der lieben Mutter dorthin gehen durften und vor der südlichen Hausfront mit Fusterli, Nidlekaffee, Eierküchli und Krapfen uns gemütlich tun konnten!» «Fusterli» sind ein Gericht aus Schlagrahm und Frischkäse. Die Speise wird gar in einem alten Luzerner Volkslied besungen: «Mis Lieb chunnt zu mir in d'Hütte, Mis Lieb chunnt zu mir uf d'Alp; I will es Fusterli rüste, Wie's Dir und mir wohl g'fallt ...» Mit Katharina bewirtet der Käser Ausflügler, Kinder und Liebespaare.

1877, ein Jahr nach der Hochzeit, wird Lina geboren, das erste Kind von Melchior und Katharina Dönni-Korner. Noch im gleichen Jahr stirbt die Mutter am Kindbettfieber. Lange hat Melchior Dönni mit dem Heiraten gezögert, nun ist er schon wieder allein. Er stellt eine junge Frau ein, die sich um die Tochter kümmert, den Haushalt besorgt und im Geschäft mithilft. Sie ist robust und resolut, der Muttersohn fühlt sich von ihr angezogen. 1880 heiratet er sie. Maria Schriber ist erst achtzehn. Sie kommt aus dem luzernischen Malters, ihr Vater ist Brunnenmacher. Die Frischvermählten gönnen sich eine Hochzeitsreise, die sie bis nach Neapel führt. Die Alpen müssen sie mit der Kutsche überqueren, denn noch ist weder der Gotthard- noch der Simplontunnel gebaut. Als Andenken bringt Melchior Dönni eine in Öl gemalte Ansicht von Neapel nach Hause, der die heutigen Postkartenmotive ähneln. Im Hintergrund ist der rauchende Vesuv sichtbar. Seit zwei Jahren fliessen Lavaströme aus dem Berg und bilden zwei imposante Hügel.

1881 bringt Maria Dönni-Schriber ihr erstes Kind zur Welt, Sohn Melchior, 1883 folgt Tochter Marie, fünf weitere Kinder kommen noch.

Ebenfalls 1883 baut Melchior Dönni die Molkerei an der Stadthofstrasse um, die er inzwischen mitten in den pulsierenden Wey verlegt hat. Er hat das

Mehrfamilienhaus gekauft, mit dem «Nidlenpalast» ist er wohlhabend geworden. Im Parterre sind der Verkaufsladen und die Kaffeewirtschaft untergebracht, für die er eine Konzession erwirbt; jährlich hat er dafür der Stadt eine Gebühr zu entrichten. Dönni handelt auch mit Kaffee. Daneben liegen die Käserei und das Magazin mit den obligaten Gerätschaften, darunter Butterfass, Dampfkessel, Käsekessel, Käsemühle und Käsepresse. Im Keller stehen die Regale für die Käselaibe. Hinter dem Haus befindet sich ein Wasch- und Holzplatz.

Die Familie lebt in einer der Wohnungen des Hauses, die anderen sind an Käser und Knechte vermietet, die wahrscheinlich in Dönnis Betrieb arbeiten. Auch die Magd Anna Schriber wohnt im Haus. Dient eine Verwandte von Dönnis Frau im Haushalt des Paars?

Die Familie Dönni-Schriber wohnt an einem besonderen Ort. Im Wey und im älteren Hof-Quartier mit der Kirche St. Leodegar, das sich hinter dem mondänen Hotel Schweizerhof am Nationalquai ausbreitet, residieren die Reichen und steigen wohlhabende Gäste ab. Die Tourismusmeile mit den Sehenswürdigkeiten Löwendenkmal, Gletschergarten, Bourbaki-Panorama, Diorama und dem Museum der Alpentiere erstreckt sich durch den Wey. Dönnis Molkerei an der Stadthofstrasse, wo sich Fuhr- und Droschkenbetriebe einrichten, wird also auch von Touristen besucht, die sich mit Kaffee erfrischen und Butter und Käse einkaufen. Der Kontrast des Weys zu den Elendsquartieren der Stadt könnte kaum grösser sein. Dort teilen sich bis zu sechzig Leute einen primitiven Abtritt, hier geniesst man die Annehmlichkeiten gutbürgerlichen Wohlstands. Die «leisure class» flaniert durch die Strassen.

Wie die anderen Schweizer Städte wächst Luzern in der zweiten Hälfte des 19. Jahrhunderts rasant. 1850 leben hier 10 000 Menschen, 1890 sind es 20 000, 1910 schon 40 000. Und Luzern ist Tourismuspionierin. 1871 führt die erste Zahnradbahn Europas auf die Rigi, 1889 die steilste Zahnradbahn der Welt auf den Pilatus. Seit 1886 besitzt Luzern als erste Stadt der Schweiz ein Kraftwerk, das Wechselstrom liefert. Das Hotel Schweizerhof beleuchtet seine Promenade nun elektrisch.

Im Wey kommt Melchior Dönni mit Gästen vor allem aus England, aber auch aus anderen europäischen Ländern in Kontakt. Er hört fremde Sprachen und lernt neue Ansichten und Ideen kennen.

Noch um 1850 ist der Wey der Hinterhof der Stadt, nicht viel mehr als eine sumpfige Gegend. Das international bekannte Löwendenkmal, das 1821 in den Sandsteinfelsen gehauen wird, ist die erste Attraktion der Gegend. Es wird nach den Plänen des dänischen Star-Bildhauers Bertel Thorvaldsen gebaut. Noch ist der sterbende Löwe, der an die Schweizer Gardisten erinnert, die 1792 bei der Verteidigung des französischen Königs vor den anstürmenden Revolutionären ums Leben kamen, von der Stadt nur über einen Trampelpfad zu erreichen.

Doch die Luzerner Regierung erkennt das Potenzial der Gegend. Sie beschliesst, daraus das «Fremdenquartier» zu machen, weil sie die Zukunft der Stadt im gehobenen Tourismus sieht – «Lucerne de Luxe» ist das Ziel, wie der Literaturhistoriker Andreas Bürgi schreibt. Nach und nach verschwinden die traditionellen Gewerbebetriebe und machen Hotels, Geschäftshäusern und Gastronomiebetrieben, Fotoateliers und Souvenirgeschäften Platz.

Der Plan geht auf, die Etablissements ziehen ein internationales Publikum an. Geschützt vor Wind und Wetter bestaunt es im Diorama des Zeichners Ludwig Meyer von Schauensee grossflächige Darstellungen der Rigi und des Pilatus, die den Auf- und Untergang der Sonne feiern. Was man erblickt, ist womöglich nicht wirklich – lernt Dönni diese Lektion hier? In den illuminierten Schaukästen sehen die Berge täuschend echt aus. Diese können auch in natura bewundert werden. Die Zahnradbahn transportiert jährlich über 150 000 Besucherinnen und Besucher auf die Rigi. Sie ist der erste Hotspot der Schweizer Alpen.

Das Museum der Alpentiere des Bäckers Samuel Stauffer weitet den Kult der Berge auf die Fauna aus: Ausgestopfte Bären, Wölfe und Gämsen gruppieren sich um Höhlen, Felsen und Büsche, als ob sie von den Besuchern soeben bei ihrem Treiben überrascht worden wären. Das Museum simuliert das Leben der Wildtiere im geschlossenen Raum. 1873 eröffnet der Gletschergarten seine Tore. Eigentlich hat sein Inhaber, der Bankangestellte und Weinhändler Josef Wilhelm Amrein, nur im Boden einen Weinkeller anlegen wollen. Zur Hand geht ihm Melchior Dönnis Schwiegervater, der Brunnenmacher. Beim Graben im Sandstein stösst er jedoch auf rätselhafte Löcher im Felsen. Sie erweisen sich als sogenannte Gletschertöpfe. Wie der herbeigerufene Zürcher Geologe Albert Heim vom Eidgenössischen Polytechnikum, der heutigen ETH Zürich, offiziell bestätigt, hat der Reussgletscher die Löcher in der letzten Eiszeit in den Felsen gebohrt.

Amrein realisiert, dass er mit den Gletschertöpfen ein Geschäft machen kann. Fortan vermittelt er im Gletschergarten das Bild, dass Luzern in der Urzeit von dicken Eismassen bedeckt gewesen sei, über die Mammuts trotteten. Rund fünfzehn der Töpfe lässt er ausgraben. Sie sind auf einem Rundgang zu besichtigen, der über eigens angelegte Brücken führt.

Daneben wartet der Gletschergarten mit einem Reliefraum auf. Zu sehen sind das Grossrelief der Urschweiz von Franz Ludwig Pfyffer von Wyher, das schon am Ende des 18. Jahrhunderts für Furore gesorgt hat, sowie das Muotatal-Relief des Schwyzers Josef Sigmund Nideröst. Sie eröffnen überraschende Blicke auf die bekannte Welt. So hat man sie noch nie gesehen.

Zunächst wird das neuartige Medium des Reliefs vor allem von Militärs geschätzt, die sich ein genaueres Bild des Terrains machen können als mit den herkömmlichen Landkarten. Schlachten und Manöver lassen sich nun besser planen. Doch mehr und mehr finden auch Zivilisten Gefallen am Vogelblick auf vertraute und bekannte Gegenden, deren topografische Eigenheiten sogar mit den Fingern zu erfühlen sind. Die bahnbrechende Dufourkarte Karte von 1865 ermuntert mit ihren vielen topografischen Informationen mehrere Relieferbauer, die Bergwelt dreidimensional zu gestalten. Sie folgen der Empfehlung des Geologen Albert Heim, ihre Werke möglichst naturnah zu färben, wie man sie aus der Höhe sehen würde. Das Relief erhält wissenschaftliche Weihen.

Der bekannteste Reliefkonstrukteur ist der Obwaldner Ingenieur Xaver Imfeld, der am Polytechnikum bei Heim studiert hat. 1889 wird er sein Relief der Gotthardbahn an der Pariser Weltausstellung zeigen und dafür eine Goldmedaille erhalten. Auch dieses Modell ist im Gletschergarten zu sehen. Imfeld arbeitet für das Etablissement. Am Luzerner Bahnhofplatz betreibt er sein Stereorama. Es simuliert den Vogelblick, indem es die «naturgetreue Rundsicht einer Ballonfahrt über die Schweizer Alpen aus einer Höhe von sechstausend Metern» zeigt, wie die Werbepostkarte behauptet.

Imfeld hat seine Erfindung in Bern patentieren lassen. Beim bekannten Medium des Panoramas geht der Betrachter vor dem Rundgemälde im Kreis, wenn er jedes Detail sehen will. Im 1889 eröffneten Bourbaki-Panorama tauchen die Besucher in die Schrecken des Deutsch-Französischen Kriegs von 1870 ein. Das Riesengemälde von Eduard Casters zeigt, wie die geschlagene Armee des französischen Generals Bourbaki im eisigen Winter die Grenze zur Schweiz überquert.

Anders das Stereorama. Hier steht der Betrachter im Mittelpunkt der Anlage und zieht das Bild an ihm vorbei. Es erweckt die Illusion, als bewege er sich durch die dargestellte Gegend. Der Betrachter steht, die Erde geht.

Die Welt von oben sehen, nicht nur von den Bergspitzen, die man besteigen kann, sondern von viel weiter oben, aus einem Flugapparat aus schwindelerregender Höhe: Was sieht man unten? Wie weit breitet die Erde sich aus, wo verläuft der Horizont? Er bildet einen Kreis um die weite Fläche, die der Gesichtskreis umfasst.

In den 1880er-Jahren floriert Melchior Dönnis Molkerei. Er kauft im Quartier Hof eine weitere Liegenschaft und Land sowie in Malters von seinem Schwager Josef Schriber zwei Landgüter. Sein Kapital erwirbt er vor allem mit der Wirtschaft und dem Verkauf von Käse, Butter und Milch. Was Dönni anfasst, scheint zu glücken. Er macht viel Geld. 1881 nimmt er am kantonalen Schützenfest in Luzern teil und gewinnt einen Preis.

Dönni ist in einem sowohl boomenden als auch krisenresistenten Sektor tätig. Die Preise für Milchprodukte bleiben in Luzern und den anderen Agrarkantonen lange hoch. Die «Milchindustrie» ist in den Augen ihrer Vertreter denn auch der wichtigste Wirtschaftszweig der Schweiz. Der Luzerner Ingenieur und Förster Friedrich Merz schreibt 1887 im «Volkswirtschaftslexikon der Schweiz», der Wert der jährlichen Milchproduktion betrage 180 Millionen Franken – eine damals exorbitante Summe. Der Bundesrat macht Druck auf die Kantone: Aus volkswirtschaftlichen Gründen müsse die Schweiz die Qualität der Milchfabrikate heben. Er fordert, dass fortan Experten die Käsereien besuchen und sie beraten, wie sie sich einrichten, welche Geräte sie kaufen und welche Fabrikationsmethoden sie anwenden sollen.

Die Nachfrage nach Milchprodukten steigt im Inland wie im Ausland unverändert an. Selbst die schwere Wirtschaftskrise, die zwischen 1875 und 1885 auch Luzern erfasst und Unternehmer, Hausbesitzer und Hoteliers in den Konkurs treibt, hält Dönni nicht auf. Auch als das Schweizer Käsegewerbe vorübergehend unter der Konkurrenz aus Deutschland leidet und weniger Gäste an den Vierwaldstättersee und in den Wey kommen, die weniger Geld ausgeben, ist Dönni davon nicht betroffen. Mit ihm geht es aufwärts.

So alt das Käsehandwerk ist: Der Beruf des in der Stadt tätigen Molkereibesitzers ist eine junge Erscheinung. Bis zu Beginn des 19. Jahrhunderts bleibt die Herstellung von Käse, Butter und Rahm auf die Sennereien in den Alpen beschränkt. Wo im Sommer die Kühe weiden, dort fabriziert man Milchprodukte, welche in die Stadt transportiert werden müssen, was bei der Hitze nicht einfach ist. Die sogenannten Talkäsereien entstehen erst mit dem Anbau von «Kunstgras», das auf Düngung angewiesen ist, und mit der Sommerstallfütterung. Die Neuerung fasst schnell Fuss. Mitte der 1860er-Jahre weist der Kanton Luzern bereits über 250 Talkäsereien auf, in den Alpen sind es nur knapp 100. Die Produktion von Milch und Käse steigt stark an, auch Butter ist vermehrt erhältlich auf den Wochenmärkten. Die Klagen über den «Ankenmangel», die regelmässig durch die Städte hallen, gehen zurück.

Der bekannteste Käse ist der Emmentaler, der «König der Käse». Er wird schon früh ins Ausland exportiert. Nicht nur in Bern, auch in Luzern wird er am häufigsten produziert. Der Emmentaler ist ein sogenannter Fettkäse: Das Fett der Milch, aus welcher der Käse hergestellt wird, geht in diesen über. Für die Butterproduktion bleibt nichts übrig. Fettkäse und Butter stehen in einem Konkurrenzverhältnis. Der Berner Theologe und Milchexperte Rudolf Schatzmann, Gründer und Leiter der ersten Schweizer «Milchversuchsstation», die 1872 in Thun eröffnet wird, beklagt wiederholt die schlechte Qualität der Schweizer Butter, die das Opfer des Emmentaler Käses sei. Zur Butterzubereitung bleibe nur der minderwertige «Vorbruch» übrig: «Bei uns buttert man drauflos ohne Kenntnis des Reifegrads und der Temperatur des Rahms.»

In diese Lücke stösst Melchior Dönni vor. In seiner Molkerei in Luzern produziert er vor allem Butter, Rahm und Magerkäse, den sogenannten Chamer- oder Pfister-Käse, einen «harten, schmackhaften, stark gesalzenen Magerkäse», wie Ingenieur Friedrich Merz notiert. Die Luzerner Käsereistatistik von 1889 nennt für die Stadt fast zwanzig Käsereien. Dönni steht an der Spitze: Er verarbeitet jährlich 184 000 Liter Milch zu 11 000 Kilo Magerkäse und besitzt 350 Kühe. Hinter Dönni kommen Melchior Galliker und die Käserei Senti.

Regelmässig schaltet Dönni im «Luzerner Tagblatt» seine Inserate: «Täglich frische Centrifugen-Butter in Ballen von 100 Gramm à 30 Cts., 300 Gramm, à 50 Cts., 500 Gramm à Fr. 1.50. Milch und Schlagrahm, auch geschwungener.» Gut möglich, dass Dönni in seinem Geschäft auch Fettkäse verkauft: Emmentaler natürlich, aber auch Willisauer- und Spalenkäse, der in Italien «Sbrinz» genannt wird, vielleicht auch Saanenkäse, der den Parmesan konkurrenziert, Bellelay (Mönchskopf), Urseren- und Greyerzerkäse. Im Wey lebt eine Kundschaft, die eine grosse Auswahl wünscht und sich diese leisten kann. Die Touristen wollen den originalen Emmentaler aus der Schweiz kosten.

Dönnis Kühe grasen wahrscheinlich in der näheren Umgebung der Stadt und auf den zwei Gütern in Malters, die ihm gehören. Unter Umständen profitiert er von der Zwangsarbeitsanstalt Sedel. Um 1880 produziert diese mit ihren 26 Kühen knapp 78 000 Liter Milch. Die Milchproduktion geniesst im Kanton Luzern staatliche Priorität. Zur gleichen Zeit beauftragt der Grosse Rat die Regierung, die Käsereien anzuhalten, der Bevölkerung gesunde Milch anzubieten. Sechzig Prozent der produzierten Milch wird von den Käsereien zu Käse und Butter verarbeitet, dreissig Prozent ist für den Verzehr in den Haushalten bestimmt, zehn Prozent für die Aufzucht von Jungvieh. Wahrscheinlich verkauft Dönni seine Milch in der Molkerei auch direkt den Kundinnen und Kunden.

Die Stadt Luzern ist ein Milch-Eldorado. Gemäss einer Statistik von 1913 liegt sie schweizweit im Verbrauch pro Tag und Kopf mit fast einem Liter deutlich an der Spitze. Dahinter folgen Biel, Baden und Solothurn, am Schluss der Liste stehen Bern, Basel, Zürich und St. Gallen. Dort trinkt man im Schnitt nur etwas mehr als einen halben Liter.

Die Verarbeitung von Milch zu Butter, Rahm und Käse ist ein komplexer Prozess, der technisches und chemisches Wissen verlangt. Die «Butterei» ist zudem auf genaue Planung angewiesen, denn nach der Lieferung der Milch in die Molkerei sollte die produzierte Butter so schnell wie möglich verkauft werden. Im Gegensatz zum Hartkäse ist sie nur kurze Zeit haltbar. Die Käser müssen bei ihrer Arbeit auf höchste Reinlichkeit achten, damit die Produkte nicht verderben oder eine gesundheitsschädigende Wirkung haben. Sie sind auf zahlreiche Instrumente angewiesen, darunter Käsepressen, Thermometer, Motoren, die durch

Kohle, Gas, Benzin oder Petrol angetrieben werden, ferner Butterfässer, Milchkühler, Pasteurisierungs- und Sterilisierungsapparate – und Milchzentrifugen.

Die Einführung dieser Maschine um 1880 bringt dem Milchgewerbe des 19. Jahrhunderts die grösste Umwälzung. Die Milchzentrifuge erlaubt, «aus der frisch gemolkenen Milch sofort den Rahm zu gewinnen und Butter zu bereiten», wie Ingenieur Merz schreibt, und zwar nicht den minderwertigen Vorbruch, sondern qualitativ hochwertige Tafelbutter, die bislang oft aus Frankreich und Dänemark importiert worden ist. Die Zentrifuge löst das Gebsenverfahren ab. Lange haben die Käser die Milch in grosse, flache Holzgefässe gegossen, die im kühlen Keller stand, und gewartet, bis sich der Rahm von der Milch schied. Eine andere Technik bestand darin, der Molke durch Erhitzen das Fett zu entziehen. Dafür benötigte man viel Holz und Molkenessig.

Wie andere technische Innovationen stösst auch die Zentrifuge zunächst auf Widerstand. Viele Käser befürchten, sie ruiniere die Fettkäserei, andere haben Bedenken, dass der aus der Zentrifugen-Magermilch gewonnene Käse qualitativ schlechter sei als der herkömmliche Magerkäse. Doch aufhalten lässt sich die Maschine, als deren Erfinder der Deutsche Wilhelm Lefeldt gilt, nicht mehr. 1879 preisen die «Bernischen Blätter für Landwirtschaft» die Innovation mit drei Argumenten an: Erstens sei entrahmte Milch «vorzüglich im Geschmack» und enthalte noch immer ein halbes Prozent Fett. Die Maschine «schleudert alles Unreine aus der Milch aus». Zweitens werde der Rahm «in süssem, frischem Zustand gewonnen, auch in der heissen Jahreszeit», er enthalte weniger Käsebestandteile und liefere «reinere, süssere Butter». Und drittens übe der Milchtransport «keinen schädlichen Einfluss auf die Entrahmung aus», die Zentrifuge mache weniger Arbeit und sei günstiger als die herkömmlichen «Aufrahmungsmethoden».

Um 1880 installieren die Anglo Swiss Condensed Milk Company in Cham und die Butterfabrik in Thun die zwei ersten Milchzentrifugen in der Schweiz.

Im Kanton Luzern heisst der Pionier Melchior Dönni. Schon 1883 nimmt er die Lefeldtsche Maschine in Betrieb. Täglich verarbeitet er mit ihr 300 Liter Milch. Er besitzt nicht nur das nötige Kapital, um sich das teure Gerät anzuschaffen, er hat vor allem den Mut und die Risikobereitschaft, die Innovation in seinem Betrieb einzuführen. Noch weiss er ja nicht, ob die Maschine sich bewähren und rentieren wird. Noch vier Jahre später sind in der ganzen Schweiz lediglich vierzig Milchzentrifugen im Einsatz. Das Gerät ist kein Selbstläufer. Der Schweizerische Landwirtschaftliche Verein führt für junge Käser im bernischen Kiesen einen vierwöchigen «Butterbereitungskurs» durch, um sie mit der Zentrifuge vertraut zu machen. Das Ziel ist die Produktion «feiner Export-Tafelbutter». Melchior Dönni ist nicht unter den Kursteilnehmern. Was die Jungen lernen, beherrscht er schon länger.

Wer eine Zentrifuge besitzt, braucht einen Motor, der die Maschine antreibt. Sie schleudert nämlich, wie Ingenieur Merz erklärt, «bei einer Geschwindigkeit von sechs- bis achttausend Umdrehungen pro Minute die Magermilch und den Rahm aus der Trommel». Gewöhnlich werden zum Antrieb Wasser oder Dampfmotoren eingesetzt. Dönni benutzt einen Gasmotor mit zwei PS und Transmissionsriemen.

Melchior Dönni ist im Kanton Luzern in den 1880er-Jahren der führende Molkereibesitzer und Milchverarbeiter. Er ist auf die Produktion erstklassiger Butter, besten Rahms und Magerkäse spezialisiert. Jeden Tag steht er in seinem Betrieb an der Zentrifuge und den Milchtanks. Die Arbeit ist laut und anstrengend. Dönni kommt mit kaltem Wasser und heissen Motoren in Kontakt. Ohne Hitze könnte er aus dem Rohstoff Milch keine Nahrungsprodukte herstellen.

Ab und zu steht er im Geschäft, wo sich die scheibenförmigen Käselaibe stapeln. Kreisrund sind sie und flach.

Mit seinem Betrieb erarbeitet Dönni sich Wohlstand und Ansehen. Er amtet als Vizepräsident des Sennenvereins der Stadt Luzern, des Interessenverbands der Käser von Luzern und Umgebung; Präsident ist Melchior Galliker, neben Dönni die zweite bestimmende Figur im Milchsektor. Dönni ist nun Vater von vier Kindern, bis zum Ende des Jahrhunderts kommen nochmals vier zur Welt. Der Vater einer Grossfamilie besitzt knapp 40 000 Franken an steuerpflichtigem Kapital. Das wären heute rund zwei Millionen. Damit zählt er zur oberen Mittelschicht. Mit den reichsten Luzernern kann er es natürlich nicht aufnehmen: Adolf Hauser-Späth, dem das Hotel Schweizerhof gehört, besitzt fast zweieinhalb Millionen Franken an steuerpflichtigem Kapital, der Zürcher Bankier Martin Bodmer-von Muralt, der in der Villa Bellerive residiert, knapp zwei Millionen. Aber Dönni kommt von unten. Mit eisernem Willen, viel Geschick und etwas Glück hat er sich emporgearbeitet.

1891 gibt er im «Luzerner Tagblatt» ein Inserat auf, das für einmal nicht für seine Produkte wirbt: «Entlaufen: Eine ältere, weiss, gelb und braun gefleckte Katze, im Quartier Hof oder Wey. Abzugeben gegen ein schönes Trinkgeld bei Herrn Dönny, Senn.» Die Katze will er oder wollen seine Kinder nicht missen. Noch immer nennt er sich «Senn». Wahrscheinlich besitzt er auch «Zughunde» wie sein künftiger Schwiegersohn Jakob Stadelmann, der ebenfalls erfolgreicher aufsteigender Käser ist. Kräftige Hunde sind gefragte Arbeitstiere, die Lasten vom Umland in die Stadt und innerhalb der Städte transportieren. Ohne Zughunde läge die städtische Infrastruktur lahm. Für die Molkereien ziehen sie mit Milch, Butter und Käse beladene Wagen zu den Kundinnen und Kunden.

Im gleichen Jahr 1891 nimmt Melchior Dönni in seinem Leben eine grosse Änderung vor. Der nun 49-Jährige verpachtet sein florierendes Geschäft an J.

Hürlimann. Dieser veröffentlicht im «Vaterland», der Zeitung der Katholisch-Konservativen, ein Werbeinserat für seine «Centrifugen-Molkerei», die vormals von Melchior Dönni aus dem Wey geführt worden sei. Er, Hürlimann, verkaufe «prima Centrifugenbutter, feine, süsse Stockbutter, sowie eingesottene Butter, feine Emmenthaler- und verschiedene andere Käsesorten». Doch 1897, sechs Jahre später, macht Dönni den Schritt rückgängig: Im «Luzerner Tagblatt», der liberalen Konkurrenz des «Vaterlands», gibt er dem Publikum bekannt, dass er die Molkerei wieder übernehme.

Was ist passiert? Hat Dönni sich aus dem Unternehmen zurückziehen wollen, um sich in Ruhe seinen astronomischen Studien zu widmen? Überfordert ihn das Geschäft, fühlt er sich schwach? Und hat dann gemerkt, dass er sein Unternehmen doch nicht aus den Händen geben kann? Kurz bevor er mit seiner Theorie der Scheibenerde an die Öffentlichkeit geht, steigt er wieder ins Geschäftsleben ein. Vielleicht gibt ihm dieses den nötigen Halt für den riskanten intellektuellen Schritt.

Ebenfalls 1897 zügelt Familie Dönni-Schriber von der Stadthofstrasse gleich um die Ecke an die Löwenstrasse 9. Sie ist eine der neuen Prachtstrassen des Weys. Parallel zur Alpenstrasse verlaufend, die das Seeufer mit dem Museumsplatz verbindet, bildet die Löwenstrasse die zentrale Achse des neuen schachbrettartigen Quartiers. Die grossstädtisch anmutenden Boulevards sind nach dem Vorbild der Anlagen in München und Berlin angelegt worden. Melchior Dönni liebt dieses Ambiente. Es erscheint ihm standesgemäss.

Er zieht in ein neues Haus, das er sich hat bauen lassen. Architekt des achtgeschossigen Wohnhauses mit Dachterrasse, dessen abgeflachte Ecke von einem Türmchen gekrönt wird, ist Johannes Müller, der für den Kanton das neue Obergericht baut. Dönni besitzt nun zwei Liegenschaften an bester Lage, neben der Löwenstrasse 9 die Stadthofstrasse 11 mit Wohnhaus sowie Werkstätte und Ställen.

Die Familie bewohnt eine geräumige Fünfzimmerwohnung, dazu kommen Keller und Estrich. Die grosse Stube ist mit zwei Teppichen, einem Spiegel mit Goldrahmen, einer Standuhr, einer geschnitzten Etagere und acht Fotografien geschmückt. Sie zeigen die alte Stadt Luzern und den südfranzösischen Wallfahrtsort Lourdes, wo Maria, die Mutter Gottes, einem Mädchen erschienen sein soll. Es hat erblickt, was andere nicht gesehen haben. Auch das Bildnis des 1903 verstorbenen Papstes Leo XIII. hängt in der Stube. Sie bietet ferner Platz für einen grauen Divan, ein geschnitztes Tischchen, zwei Kommoden mit Intarsien sowie einen ausziehbaren Tisch mit Wienersesseln und Polsterstühlen. In der zweiten, kleineren Stube stehen weitere Möbel und eine Nähmaschine. Maria Dönni-Schriber oder eine Haushälterin bessern die Kleider der Kinder aus.

Aus der Jahrhundertwende ist ein Familienfoto überliefert, das Melchior Dönni und seine Frau mit fünf Kindern zeigt. Nicht abgebildet sind Lina, Dönnis erstes Kind, die inzwischen 22-jährige Tochter aus erster Ehe, ferner der erstgeborene Sohn Melchior, der 18 ist, sowie die kurz zuvor im Alter von 14 Jahren an einer Rückenverletzung verstorbene Marie Josefa, die einen Unfall hatte. Was genau passiert ist und wie Melchior Dönni auf den Verlust reagiert, ist nicht bekannt.

Ist der Tod der Tochter Anlass für das Foto? Ernst blicken die schwarz gekleideten Eltern und ihre Kinder in die Kamera. Sie treten so auf, wie das Genre des Familienporträts es verlangt. Der Vater steht, die Mutter sitzt. Die Kulisse des Fotostudios deutet im Hintergrund eine Säule mit Vorhang an, die auf eine dahinter liegende Loggia verweisen könnte. Das Ambiente ist bürgerlich. Die Buben tragen weisse Halstücher, Melchior ein weisses Hemd mit schwarzer Krawatte. Die beiden Elternteile machen einen gegensätzlichen Eindruck. Maria, in ihrem Arm Ludwig haltend, den Jüngsten, ist schwer und massig, an ihrem Hals hängen zwei Ketten, die rechte Hand schmückt ein Armband. Melchior dagegen wirkt fragil und angeschlagen, seine Jacke ist ihm zu gross. Hat ihn der Verlust der Tochter mitgenommen? Es scheint, als sei er nicht wirklich anwesend. Er sieht nicht wie ein erfolgreicher Unternehmer aus.

Kurz vor der Jahrhundertwende tritt Melchior Dönni noch einmal berufspolitisch hervor. Schon länger amtet er als Vizepräsident des Sennenvereins Luzern. 1899 stellt dieser sich neu auf, als der Streit um den Milchpreis zwischen den Milchhändlern, den Sennen, und den Milchlieferanten eskaliert: «Nachdem man sich im Ausmessen von Milch in der Stadt Luzern und deren Umgebung in verschiedenen Beziehungen Unregelmässigkeiten und überhaupt eine furchtbare Unordnung bemerkbar machten, welche den Milchhändlern in und um Luzern in ihren Berufstätigkeiten gefährlich entgegenwirkten, sah man keinen anderen Ausweg, als sich ernstlich um die Gründung eines gut organisierten und mit zweckmässigen Statuten ausgerüsteten Sennenvereins zu bemühen», notiert das Protokoll des neuen Vereins. Dieser wirft den Milchlieferanten vor, die Preise eigenmächtig zu hoch festzusetzen, ohne die Milchhändler einzubeziehen.

Der neue Sennenverein will indessen auch für Einigkeit und Disziplin unter den Händlern sorgen, welche die Milch weiterverkaufen. Die ausserhalb der Stadt lebenden Milchhändler, die weniger hohe Mieten zahlen müssen, können es sich leisten, weniger hohe Preise zu verlangen, und so jagen sich Milchhändler gegenseitig die Kunden ab. Dieser unhaltbare Zustand soll ein Ende haben. Wer sich nicht an die vom Verein festgesetzten Preise und die Statuten hält, wird künftig bestraft.

Im neuen Verein treten die beiden bislang tonangebenden Käser kürzer: Melchior Galliker amtet nicht mehr als Präsident, Melchior Dönni nicht mehr als Vizepräsident, aber im Gegensatz zu Ersterem sitzt er im fünfköpfigen Vorstand als Ersatzmann ein. An der Gründungsversammlung im Hotel Adler nehmen 26 Milchhändler teil, welche den Vorstand wählen und die Statuten genehmigen. Darunter ist auch Jakob Stadelmann, Dönnis Schwiegersohn, der mit Tochter Lina verheiratet ist. Dönni setzt durch, dass der Jahresbetrag auf fünf Franken angehoben wird.

Allerdings ist Melchior Dönnis Tätigkeit im Vorstand nicht von langer Dauer. Schon an der dritten Sitzung fehlt er; er lässt sich vertreten durch seinen Sohn, Melchior Dönni junior, und bereits ein Jahr später gibt er seinen Austritt. Der offizielle Grund lautet Geschäftsaufgabe. Doch Dönni senior gibt sein Geschäft einmal mehr nicht auf.

1899 beschliesst er, mit seinen astronomischen Studien an die Öffentlichkeit zu gehen: Er publiziert die erste seiner insgesamt vier Schriften. Sie heisst «Wie sich ein Ungelehrter das Weltall denkt». Schon länger beschäftigt Dönni sich mit der Gestalt der Erde und dem Lauf der Gestirne. Er ist zum Schluss gekommen, dass der Globus kein Globus, sondern eine Fläche ist. Was man im Sennenverein davon hält, ob Dönni unter den Mitgliedern seine Broschüre verteilt, ob ihm gar der Austritt nahegelegt wird, ist nicht überliefert.

Sicher ist: Dönni braucht für seinen Schritt Courage.

Die Erde geht, die Sonne steht

«Wie sich ein Ungelehrter das Weltall denkt» – so nennt Melchior Dönni um 1899 seine erste Publikation. Unterzeichnet ist sie nur mit «M. D.», des Autors Initialen. Luzern ist allerdings nicht gross genug, als dass der Verfasser unerkannt bleiben könnte; schnell wird sich in der Stadt herumsprechen, dass der bekannte Molkereibesitzer Dönni eine Schrift mit brisantem, verstörendem, lächerlichem oder irrem Inhalt veröffentlicht hat, je nach Perspektive. Und will er wirklich unerkannt bleiben? Die Initialen sind ein mehr als diskreter Fingerzeig auf ihn selbst. Dönni will gesehen werden.

Die Publikation nennt ansonsten weder das Jahr noch den Verlag oder die Druckerei, die sie hergestellt haben, geschweige die Auflage. Hat Dönni zehn oder hundert Exemplare drucken lassen? Eine unbekannte Hand hat auf das Deckblatt wahrscheinlich «1899» gekritzelt – vielleicht die Hand des Berner Beamten im Patentamt, der dafür gesorgt hat, dass Dönnis Werk überliefert ist. Zwischen 1899 und 1904 setzt Dönni seine Scheibentheorie in vier schmalen Schriften in die Welt. Ob er nachher oder auch vorher noch mehr und anderes geschrieben oder gar publiziert hat, ist nicht bekannt.

Der Titel der Broschüre kündet von der Bescheidenheit des Autors: Er nennt sich «ungelehrt», und mit seiner Vorstellung von der Beschaffenheit des Weltalls, die er im Folgenden beschreibt, erhebt er keinerlei Anspruch auf Objektivität und Wahrhaftigkeit. Der Satz «Wie sich ein Ungelehrter das Weltall denkt» lässt den Schluss zu: Wahrscheinlich ist das Weltall ganz anders, als die Gelehrten es sich denken. Der Ungelehrte weiss mehr als der Gelehrte, der Dilettant ist klüger als der Wissenschaftler.

Damit geht Dönni in die Offensive. Und «ungelehrt» könnte ja auch besagen: Ich, der Senn, bin unverbildet, bin offen, näher an den Dingen, zu spontaner Einsicht befähigt. Auf die erste Erfahrung kommt es an, wie der Wissenschaftsphilosoph Gaston Bachelard geschrieben hat, sie ist rational, wahrhaft, objektiv. Als Laie, würde man meinen, hat Dönni keine andere Wahl, er muss auf seine Alltagserfahrungen abheben. Er kann keine Laborexperimente vorweisen oder Messungen mit wissenschaftlichen Instrumenten. Allein, der Fall ist komplizierter. Dönni macht es sich und seinen Leserinnen und Lesern alles andere als einfach.

Der Einstieg in den Text indes ist einnehmend. Geradezu poetisch hebt er an: «Was man sieht, das lebt und schwebt und wächst, war nichts, wurde klein, dann gross, nahm ab und wurde wieder zu nichts.»

Dönni gibt sich überzeugt, die Welt sei eine stabile Scheibe, über der die Sonne ihre Runden drehe. Das ist der provokative Kern seiner Broschüre. Er führt seine Idee auf den insgesamt bloss sieben Seiten aber eher überraschend ein. Zunächst nämlich entwirft er eine mystisch anmutende Kreislauftheorie: Jedes Lebewesen entstehe und vergehe, die Blume ebenso wie die Kuh, und bilde mit seinem Verfall die Grundlage für neues Wachsen und Werden. Dabei sind diese Veränderungen kaum wahrnehmbar. Nicht nur die Kuh, auch die Blume «sieht man eigentlich nicht wachsen und verwelken». Und doch geschieht es.

Gleiches gilt auch für die Erde: Auch sie ist ein Lebewesen, das wächst und vergeht und damit die Grundlage für neues Leben bildet. Auch sie war einst ein Nichts, viel weiter entfernt von der Sonne als heute. Gewachsen ist die Erde, indem sie sich der Sonne angenähert hat, und eines Tages, wenn sie der Sonne noch nähergekommen ist, wird sie in Flammen aufgehen und verschwinden und damit die Basis für die Entstehung einer neuen Welt bilden – durch die Allmacht und Güte Gottes. Seine Ansicht, sagt Dönni, könne man glauben, bestreiten oder anerkennen. Er halte sie für wahr, und zugleich behaupte er: «Die Erde bleibt stehen und die Sonne umkreist deren Oberfläche täglich einmal.»

Den Widerspruch löst Dönni nicht auf: Einerseits, sagt er, schwebt die flache Erde der Sonne entgegen, andererseits steht sie im All. Das Stehen ergibt sich durch die Abgrenzung von der herrschenden astronomischen Lehre: Weder rotiert die Erde um sich selbst, noch saust sie elliptisch um die Sonne.

Wieso ist die Erde flach? Drei Gründe führt Dönni an. Erstens: das Wasser. Es läuft immer der Tiefe zu, darum kann die Erde nicht rund, also keine Kugel sein. Zweitens: die Luft. Je höher sie liegt, desto reiner und durchsichtiger ist sie. Darum sieht man von Schiffen, die weit entfernt auf dem Wasser fahren, nur die oberen Teile, die Spitzen der Masten. Dass man bloss die Spitzen sieht, weil der Rest hinter dem Erdenrund verschwunden ist – wie die Leute glauben –, ist ein Irrtum. Drittens: die Schwerkraft. Schiesst man eine Kugel senkrecht in die Höhe, fällt sie am gleichen Ort zu Boden. Würde die Erde sich bewegen, fiele die Kugel an einer anderen Stelle beziehungsweise in Gegenrichtung weiter hinten auf den Grund. Als Gegenbeispiel zur stehenden Erde nennt Dönni ein auf dem Wasser fahrendes Schiff, von dem aus man eine Kugel in den Himmel feuert. Sie wird hinter dem Schiff ins Wasser fallen.

Dönni gibt bereitwillig zu: Ein Forscher, der mit den besten Instrumenten experimentiert und jahrelang Bücher studiert hat, weiss mehr als ein «gewöhnlicher ungelehrter Erdenbürger», dessen Verstand und Auge ihn trügen. «Die Gelehrten können mit Sicherheit die Beschaffenheit, Grösse und Schwere und Entfernung der Himmelskörper messen, während sich ein gewöhnliches Menschenkind sogar an einem Heustock verrechnen kann.» Mit der Expertise und Kompetenz des Wissenschaftlers kann der Laie es nicht aufnehmen.

Aber: Gerade weil die Gelehrten so lange an ihrer Sache herumstudieren und «mit allen Fasern ihres Herzens an derselben festhalten», akzeptieren sie keine widersprechende Meinung. Sie sind subjektiv befangen, ihr Spezialistentum führt sie in die Irre. Und in den Starrsinn. Die Gelehrten befehlen zu glauben, was der «gewöhnliche Mensch» als Irrtum erkennt. Und sie widersetzen sich der göttlichen Autorität. «Es ist nicht gut, an Glaubenssachen kirchlicher und göttlicher Natur zu rütteln.» Dönni setzt Gott und Kirche gleich. Noch tut er dies. Inwiefern aber Wissenschaft und Religion differieren, sagt er nicht.

Die Schule vermittelt die Autorität der Wissenschaft. Dönni erinnert sich an seine «kurze Schulzeit»: Was der Lehrer ihm erzählt habe über die Kugelgestalt der Erde und ihre Rotation, habe ihm nie eingeleuchtet: «Ich dachte, das kann nicht sein, und je mehr ich darüber nachdachte, um so weniger ich dasselbe glauben und begreifen konnte und daher diese kleine Schrift erfolgte.» Dönni bekennt, dass er wenig Schulbildung genossen habe und also viel weniger Wissen als die Forscher besitze. Dennoch beharrt er darauf, dass die spontane Renitenz des Kindes gegen das Wissen des Lehrers begründet war. Nicht jener hatte Recht, sondern das Kind. Die verstörende Erfahrung seiner Schulzeit hat Dönni motiviert, seine Broschüre zu schreiben.

Dramaturgisch geht er geschickt vor. Nicht nur der Einstieg in den Text, auch die Schulszene kommt den Leserinnen und Lesern entgegen. Wer erinnert sich nicht an den kindlichen Widerspruchsgeist, den die Autorität, das Besserwissen, ja die Überheblichkeit des Lehrers weckte? Er beharrt auf dem Offensichtlichen und gewichtet die Alltagserfahrung höher als die Theorien und Berechnungen der Gelehrten und Wissenschaftler. Dass die Erde flach ist, sieht jedes Kind, und dass sie sich als Kugel um sich selbst drehen und rasend durchs All sausen soll, ist alles andere als einleuchtend. Nur: Die Kirche behauptet dies nicht. Und Gott?

Drei Jahre später legt Melchior Dönni nach: 1902 publiziert er die sechzehnseitige Broschüre «Wie man sich das Weltall denken kann». Sie sieht fast gleich aus wie die erste Schrift. Wiederum signiert Dönni mit seinen Initialen, dazu gibt er Jahr und Ort an, aber erneut weder Verlag noch Druckerei. Offensichtlich ist er professionell unterstützt worden.

Und wiederum ist die Broschüre so schlicht wie schön aufgemacht: Die Zierbuchstaben auf dem Deckblatt sind von einem doppelwandigen, handgezeichneten Rechteck gerahmt, aus dessen Ecken diesmal je drei Blätter spriessen. Das «Weltall» ist organisch gerahmt. Der Schriftsatz passt, Zeilen und Durchschuss verlaufen korrekt. Jemand hat die Abhandlung redigiert, die Abschnitte heben jeweils mit Einzügen an. In den wenigen handschriftlichen Texten, die von Dönni überliefert sind, formuliert er weniger gewandt als in seinen astronomischen Schriften, macht hie und da grammatikalische und orthografische Fehler. Ein Redaktor hat ihm beim Schreiben und Korrigieren geholfen, auch bei der Produktion der Broschüre waren Professionelle am Werk. Teilen sie Dönnis Theorie, sind sie mit ihm befreundet oder erledigen sie bloss den bezahlten Job? Namentlich genannt sein wollen sie nicht. Oder Dönni will das nicht.

Auch in seiner zweiten Schrift präsentiert der Senn sich als Solitär. Weder nennt er Sympathisanten, noch zitiert er Autoren von Büchern und Pamphleten, die er studiert hat. Er erweckt den Anschein, als würde er nur aus sich selbst schöpfen.

Der Ton ist forscher als in der ersten Publikation, im Titel ist aus dem «Ungelehrten» ein «man» geworden, das mit seinen Ansichten Anspruch auf Gültigkeit erhebt, aus dem Ungelehrten ist sogar, wie es heisst, ein «gereifter Mann» geworden, der sich das Recht herausnimmt, «was die Naturkunde anbelangt seine Forschung und Meinung hierüber zu sagen und zu denken». Was der reife Mann mit seinen Forschungen herausgefunden hat, deckt sich mit dem, was sich das Kind intuitiv gedacht, aber in der Schule nicht zu äussern gewagt hat.

Auf seine Broschüre lässt Dönni selbstbewusst den Satz drucken: «Alle Rechte werden vorbehalten.» Er rechnet mit Rezeption, mit Nachfrage und Verkauf.

In diesem Text taucht erstmals der treffliche Slogan «Die Erde steht, die Sonne geht» auf.

Die ersten sechs Seiten des Textes sind identisch mit der ersten Publikation von 1899, dann legt Dönni nach mit Zahlen und Fakten, also mit den Ergebnissen, die der reife Forscher erzielt hat. Offensichtlich hat er in den vergangenen drei Jahren weiter astronomische Literatur studiert, die er in seinen Text einbaut. Seine neuen Argumente führt er wiederum systematisch an. Erstens: Die Sonne kann nicht Millionen Meilen entfernt von der Erde sein, sonst könnte das «irdische, menschliche Auge» sie nicht mehr sehen. Die grösstmögliche noch wahrnehmbare Distanz beträgt für den Menschen 10 000 Kilometer. Und auf eine Entfernung von Millionen von Kilometern könnten wir die Sonne nicht einmal mehr spüren. Zweitens: Die Erde trennt von der Sonne eine Distanz von etwa 400 Kilometern, und der Durchmesser der Sonne beträgt 40 000 Kilometer. Auf diese Zahlen kommt Dönni, indem er die Sehweite des menschlichen Auges in Bezug zu einem fünf Meter grossen Luftballon berechnet, der in den Himmel fliegt.

Hat Melchior Dönni Xavier Imfelds Stereorama am Luzerner Bahnhofplatz besucht? Es simuliert den Vogelblick einer Ballonfahrt über die Schweizer Alpen.

Drittes Argument: Die Sonne dreht sich in 24 Stunden über der Erdoberfläche. Weil ihre Strahlen bei ihrer Wanderung nicht überall hinreichen, haben die verschiedenen Weltgegenden unterschiedliche Tageszeiten und sind sowohl der Nordpol als auch der Südpol mit Eis bedeckt, wobei Letzterer aus einem unüberwindlichen Eiswall besteht, der verhindert, dass die Meere abfliessen. Die Sonnenstrahlen erreichen weder den Nord- noch den Südpol. Zudem kreist der Mond näher über der Erde als die Sonne, denn bei einer Sonnenfinsternis steht der Mond sichtbar zwischen Erde und Sonne.

Warum aber sind alle hohen Berge mit Eis bedeckt? Weil die Winde in der Höhe kalt sind. Das Schmelzwasser des Eises garantiert auch in trockenen Perioden die Fruchtbarkeit des Bodens. Je näher man der Erdoberfläche kommt, desto wärmer wird die Temperatur, und die warmen Quellen und Vulkane verweisen darauf, dass das Erdinnere heiss ist, sehr heiss. Unter der Erdoberfläche nämlich brennt ein grosses Feuer, das der Erde ihre Schwebekraft liefert. Darum steht die Erdscheibe stabil im All. Dieses Feuer indes wird eines Tages das Schicksal der Erde besiegeln. Mit der Zeit wird diese an Wassermangel zugrunde gehen, weil sie sich immer mehr der sie versengenden Sonne nähert. Die Erde steht, aber nähert sich unaufhaltsam der Sonne. Der Beweis liegt zutage: Die Gletscher sind am Schwinden.

Als Beleg für seine Beobachtung gibt Dönni den Luzerner Gletschergarten an, in dessen Nähe er wohnt. Der Gletschergarten ist ein «sichtbarer Zeuge, dass zur Zeit schon einige hundert Meter über Meeresfläche alles mit Eis bedeckt war, und jetzt sind dieselben in hiesiger Gegend schon bis in die höchsten Berge zurückgegangen. Wo sich früher Meere und Seen befanden, haben sich brennbare Stoffe gebildet, wie Moor, Steinkohle, Schwefel und Erdöl.» Das Schmelzen des Eises hat nicht nur die Ausbreitung des menschlichen Lebens auf der Erde ermöglicht, sondern auch die Zivilisation. Mit den Brennstoffen wärmen die Menschen sich und produzieren Energie. Dönni macht sich Gedanken über den Energiehaushalt der Erde. Den Schluss zieht er nicht explizit, aber das Schmelzen der Gletscher hat die Entstehung des fossilen Zeitalters ermöglicht und damit die Industrialisierung. Das liberale Fortschrittsnarrativ interessiert den Senn nicht.

Die Erde, führt Dönni aus, «geht der Reise entgegen, um gleich Sonne, Mond und Sterne am weiten Himmelszelt zu leuchten und neuen Welten Licht und Wärme zu spenden». Er ist nicht nur Astronom, sondern auch Kosmologe. Er skizziert eine Theorie vom Wandel des Weltalls.

Dessen Zentrum ist die Erde, nicht die Sonne, aber die Erde ist nicht das einzige Zentrum. «Dass Millionen Meilen von unserer Erde auch noch andere Sonnen, Monde und Sterne existieren, ist wohl möglich unter diesem unendlich grossen, ohne Ende ausgespannten Himmelszelt, so dass unsere Sonne, Mond und Erde in Gottes allmächtiger Hand nur ein Kinderspiel bedeutet, und Sonne, Mond und Sterne gleich den Zeigern einer Uhr unsere Erde umkreisen, und von dieses grossen, allmächtigen Meisters Hand an sie gebunden sind.» Unser Erdensystem ist nicht das einzige.

Die Erde ist ein Zifferblatt, und Sonne, Mond und Sterne sind die Zeiger: Dönni wird diese Idee bald in seiner Weltzeituhr realisieren.

Der Angelpunkt von Dönnis Gedankengängen ist Gott, ohne dass er ihm eine längere Ausführung widmete. Gott dient als Bestätigung seiner wissenschaftlichen Ausführungen, nicht umgekehrt die Wissenschaft als Beweis Gottes. Dass Gott der Weltenherrscher ist, braucht nicht eigens erklärt zu werden. Gott ist Dönnis Referenz, nicht die Heilige Schrift und auch nicht die Religionen oder die Kirchen. Dönni zitiert keine Bibelstellen, um die Flachheit der Erde zu beweisen, und er gibt nun zu verstehen, dass ihm sehr wohl bewusst ist, mit seiner Weltalltheorie von der kirchlichen Lehre abzuweichen. «Es ist schon nicht gut», notiert er mit dialektaler Färbung, «namentlich an Glaubenssachen kirchlicher und göttlicher Natur zu rütteln. Da finde ich den Glauben als notwendig und bleibt jeder am besten bei dem, was er gelernt hat und wie er auferzogen worden ist, da jede Religion ihr Gutes und Edles an sich hat. Allein was die Naturkunde anbelangt, hat jeder gereifte Mann das Recht, seine Forschung und Meinung hierüber zu sagen und zu denken, wie er dieselbe auffasst und versteht.»

Was für ein Gott aber ist es, auf den Dönni sich bezieht? Er bleibt abstrakt, Dönni spezifiziert ihn nicht. Sein Gott trägt keine christlichen und auch keine katholischen Züge. Keine Spur von Dreifaltigkeit. Gott ist ein abstraktes Prinzip.

Auf der letzten Seite der Broschüre hat Dönni eine handschriftliche Ergänzung angefügt: «Zwischen Amerika und Asien wird sehr wahrscheinlich sich ein unentdeckter Erdteil befinden.» Wieso er zu diesem Schluss kommt und inwiefern dieser mit der Theorie der Scheibenerde und der über dieser kreisenden Sonne verbunden ist, erklärt er nicht. Unklar ist auch, ob er den Zusatz nur auf dem überlieferten Exemplar angebracht hat oder auf mehreren. Deutlich wird nur, dass Dönni weiter geografische Ideen wälzt, die ihm erst nach Drucklegung in den Sinn gekommen sind. Seine zweite Broschüre stuft er im Nachhinein als unvollständig ein.

Nur ein Jahr später, 1903, legt Melchior Dönni seine dritte Publikation vor: «Weltall-Erd-Relief nach neuester Ansicht». Sie trägt nun seinen Namen: «Von M. Dönni». Die Verzierung des Deckblatts ist noch ausgefeilter. Ornamentale Motive im Jugendstil verleihen der Broschüre einen edlen Anstrich. Mit sechzehn Seiten seine bisher umfangreichste Schrift, ist sie nicht mehr in gotischer, sondern in modern anmutender lateinischer Schrift gesetzt und mit ebenfalls im Jugendstil geschmückten Initialen verziert.

Auf der ersten Seite präsentiert die Broschüre den Druck einer gezeichneten Weltkarte: einer Ansicht der flachen Erde. Auffallend ist das grosse Dampfschiff, das auf den Ozean gezeichnet ist, sowie die Signatur: Dönni hat für seinen Namen eine kunstvolle, beinahe kubistisch anmutende Schreibweise gefunden. So unterzeichnet ein selbstbewusster Autor, ein von seinem Können überzeugtes schöpferisches Künstler-Ich. Dönni muss noch weitere Weltkarten angefertigt haben, die auf seiner Scheibentheorie beruhen. Neben dem in die Schachtel geklebten Blatt, die er 1902 nach Bern schickt, ist ein handgrosser Druckstock erhalten. Auch er zeigt die Erde von oben gesehen. In den vier Ecken ausserhalb des Erdkreises stehen zwei Kurzsätze: «Die Erde steht, die Sonne geht» und «Die Welt der Zukunft». Dönni spielt darauf an, dass sein Weltbild, das am eindrücklichsten im Relief materialisiert ist, sich bald gegen den Globus durchsetzen wird.

Der Rest der Broschüre ist inhaltlich nahezu identisch mit der Publikation von 1902. Auf der letzten Seite der Broschüre legitimiert Dönni seine Theorie mit einem geradezu aufklärerischen Programm: «Der menschliche rastlose Geist schafft und forscht nach Licht und Wahrheit, und findet er überzeugende Anhaltspunkte eines Gegenstandes, so greift er immer weiter in das dunkle Gebiet, um helles Licht zu finden. So sind die grössten Wissenschaften errungen worden und manches fast Unglaubliche ist ans Licht gekommen.» Seit über dreissig Jahren, schreibt Dönni weiter, forsche und studiere er «alle zu Handen gelangten naturwissenschaftlichen Bücher, Schriften, Karten und diesbezüglichen Zeitungsartikel». Nur gibt er, entgegen den wissenschaftlichen Gepflogenheiten, weder einen Titel noch einen Autor an.

Dönni sieht sich nicht im Kampf gegen die arrivierten Gelehrten, gegen das anerkannte naturwissenschaftliche Wissen und die Hochschulen, die seine Wahrheit unterdrücken würden. Er ist nicht der Besitzer eines Geheimwissens, das gegen alle Seiten verteidigt werden muss. Nein, Dönni argumentiert so, als ob er als Mann der Wissenschaft teilhaben würde am wissenschaftlichen Fortschritt, ja als ob er diesen Fortschritt entscheidend vorantriebe. Er, der so ziemlich alles studiert hat zum Thema, wie er andeutet, ist den anderen Gelehrten und Experten schlicht den einen entscheidenden Schritt voraus. Vielleicht haben sie so viel gelesen wie er, aber sie haben daraus nicht die richtigen Schlüsse gezogen.

Er, der Senn, weiss mehr. Noch weiss er mehr. Denn bald schon werden die anderen gleich viel wissen wie er, bald schon werden auch sie davon überzeugt sein, dass die Erde keine Kugel, sondern flach ist. Das ist das Gesetz der Wissenschaften, wie Dönni sie sieht: Manche ihrer Wahrheiten brauchen etwas länger als andere, bis sie sich durchsetzen, aber sie werden sich durchsetzen. Er zweifelt keine Sekunde daran, sein Optimismus ist ebenso unerschütterlich wie sein Selbstvertrauen. Die Wissenschaften stehen vor einem Paradigmenwechsel, den er eingeläutet hat.

Seine erste Schrift erschien beinahe anonym, jetzt tut Dönni der «scientific community» seine Innovation kund, und zwar nicht nur namentlich und nicht nur in der Schweiz. Wahrscheinlich hat er seine Broschüren dem Patentamt in

Bern zugeschickt, das sie mit dem Relief aufbewahrt. «Das Weltall-Erd-Relief nach neuester Ansicht» sendet er auch ausländischen Institutionen zu. Verzeichnet ist die Broschüre im Anhang des «Astronomischen Jahresberichts», den die Astronomische Gesellschaft in Berlin 1904 herausgibt. Die noch heute bestehende Gesellschaft wurde 1800 in Niedersachsen gegründet und organisierte noch im gleichen Jahr den zweiten europäischen Kongress für Astronomie. Treibende Kraft waren zwei Astronomen, die ihre Forschungen in Sternwarten betrieben. Um 1900 wird die Astronomische Gesellschaft international bekannt, als sie den damals bedeutendsten Sternkatalog ins Leben ruft. Deshalb könnte Dönni auf sie aufmerksam geworden sein.

Sein Name taucht im Jahresbericht der Gesellschaft auf der letzten Seite unter «Verschiedenes» auf: «M. Dönni, Weltall-Erd-Relief nach neuester Ansicht, Luzern 1903». Der bibliografische Eintrag wird von den deutschen Astronomen mit bloss einem Satz bedacht, wie die anderen Titel der Rubrik auch: «Der Berichterstattung nicht zugänglich.» Der Verdacht liegt nahe, dass die Astronomen Dönnis Werk nicht ernst genommen haben. Es fällt wie die anderen Publikationen der Rubrik aus dem Rahmen der etablierten Wissenschaft.

Dönni sendet seine Schrift ferner der Akademie der Wissenschaften in Paris zu, die sie noch im gleichen Jahr, 1903, dem Institut de France schenkt, das sie noch heute aufbewahrt. Schon im 17. Jahrhundert unter Sonnenkönig Louis XIV gegründet, wurde die ehrwürdige Akademie der Wissenschaften 1795 von den französischen Revolutionären wie die anderen königlichen Akademien in das neue Institut de France integriert. Der Zweck des «Nationalinstituts der Wissenschaften und Künste» besteht darin, «die Wissenschaften und Künste durch kontinuierliche Forschungen, die Veröffentlichung von Entdeckungen und die Korrespondenz mit gelehrten und ausländischen Gesellschaften zu vervollkommnen sowie wissenschaftliche und literarische Arbeiten zu verfolgen, die den allgemeinen Nutzen und den Ruhm der Republik zum Gegenstand haben». Hat Dönni die Zweckbestimmung studiert, bevor er sich für die Pariser Institution entscheidet? Wie er auf die Akademie gekommen ist, bleibt fraglich. Wahrscheinlich hat er ihre Adresse in einer Publikation gefunden oder von einem ihm bekannten Gelehrten erhalten. Wie auch immer: Ein besserer Ort für seine Schrift lässt sich aus Dönnis Sicht kaum denken.

So weit bis heute bekannt, erscheint 1904 Melchior Dönnis letzte Publikation. Sie ist mit neunzehn Seiten seine umfangreichste und thematisch seine vielseitigste. Umfangreich ist auch der Titel: «Gott der Vater der Schöpfer der Natur. Die Erde steht, Die Sonne geht». Die Broschüre setzt sich von ihren Vorgängerinnen ab, auch wenn sie weiter an der Scheibentheorie festhält, die wiederum mit den bekannten Argumenten begründet wird: mit den Eigenschaften des fliessenden Wassers, der Sehschwäche des menschlichen Auges und diversen Distanzberechnungen. Mit Dönni muss um 1903 und 1904 etwas passiert sein. Etwas hat ihn aufgewühlt, weiter radikalisiert.

Gott rückt nun auf das Deckblatt und damit ins Zentrum. Er wird noch wichtiger. Das heisst aber nicht, dass Dönnis Denken damit eine orthodoxe, dogmatische oder gar biblizistische Wendung nähme; Gott bleibt ein Abstraktum. Und die Schrift kündet etwas Neues an: Das Kosmologisch-Mythische und Melancholische tritt noch stärker hervor, dazu kommen politisch-anthropologische und geradezu apokalyptische Gedanken. Dönni ist auf dem Weg zum abgründigen Dichter, der am Rande noch die Justiz kritisiert und eine Machtkritik formuliert, bevor das All komplett aus den Fugen gerät.

Wie bedauerlich, dass der Senn nicht weiter publiziert hat!

Für den Titel wählt er eine neue Schriftart: Fette, organisch gerundete Buchstaben ohne Ecken und Kanten. Zwei aufschiessende Blumenstängel rahmen seinen Namen und die Losung «Die Erde steht, die Sonne geht». Die Publikation ist in sechs Kapitel gegliedert, von denen das mit Abstand längste «Die Erde» heisst. Kein Wunder, bildet die Erde doch das Zentrum unseres Weltalls, des Erdensystems.

Der Auftakt der Schrift lobt Gott: «Zu allen Zeiten haben die Menschen ein höheres, unsichtbares Wesen als Erschaffer aller Dinge, am Himmel und auf Erden, anerkannt. Es muss so sein! Es wird so sein! Es kann gar nicht anders sein!» Der Tonfall ist exaltiert, schwärmerisch. Man könnte meinen, Dönni müsse die Existenz Gottes verteidigen – gegen den Atheismus der neuen Naturwissenschaften?

«Ein Machtwort nur von diesem grossen, unsichtbaren Schöpfer, und es entstand Natur», fährt er fort. Der Schöpfergott ist an keine Denomination gebunden. Wie in den früheren Schriften hebt Dönni den Kreislaufgedanken hervor: Was entsteht, das vergeht, alles hat ein Ende. Und wiederum betont er: Schon «die Alten glaubten», die Erde sei eine Scheibe. Dass sie eine fliegende und zudem rotierende Kugel sei, wie die Wissenschaftler und Lehrer behaupten, «gehört in das Reich der Märchen».

Die Erde ist eine Scheibe. Das belegt Dönni mit seinem Relief, auf dessen praktischen Nutzen er nun explizit Bezug nimmt: «Für Schulzwecke wird es die besten Dienste leisten, denn es wird und muss mit der Zeit sich als das einig richtig Natürliche und Wahre aufklären.» Man könnte meinen, Dönni beschwöre mit diesen Sätzen sich selbst. Zwei Jahre ist es nun her, dass er sein Relief dem Patentamt in Bern geschickt hat, doch passiert ist seither nichts. Nichts deutet darauf hin, dass sein Relief den Globus ablösen wird.

Das Relief zeigt die Erde so, wie man sie aus einer Höhe von 2000 Kilometern sähe, schreibt Dönni. Das ist der Stand der Wissenschaft. «Mit der gegenwärtigen

Wissenschaft ist man so weit, dass man mit voller Bestimmtheit weiss, dass eine Reise um die Erde eine Reise um den Nordpol ist.» Dort befindet sich, auch das ist bekannt, ein «Gletscherfeld», das rund zehnmal so gross ist wie die Schweiz.

Ein neues Thema in Dönnis letzter Broschüre sind die Weltreisen, die per Schiff unternommen werden. Er baut sie so in seine Schrift ein, dass er mit ihnen die Scheibengestalt der Erde beweisen kann. Die Reisen dauerten länger, je weiter südlich sie verliefen, behauptet er. «Eine Reise um den Südpol, der kalten Zone entlang, muss noch einmal so lang sein, so dass ein erstklassiger Dampfer zu dessen Umschiffung mehrere Jahre brauchte, dies sind tatsächliche Wahrheiten.»

Dass eine Reise um die Erde zwingend um den Nordpol verläuft, leuchtet auch dem ein, der an die Kugelgestalt der Erde glaubt. Die Weltreise etwa, die der Amerikaner Georg Francis Train 1870 mit den Stationen New York, London, Suez, Bombay, Kalkutta, Hong Kong, Yokohama und San Francisco unternahm, führte letztlich um den Nordpol. Und zugleich führte sie um den Südpol – aber nicht für den, der die Scheibentheorie vertritt. Dönni weicht einem argumentativen Problem aus.

Er findet, es wäre sinnvoller, diese Gebiete zu erforschen, «als sich jahrelang in den unermesslichen Eismassen des Nord- und Südpols einschliessen zu lassen, wo eine Expedition, wenn sie heimkommt, nur reich an Entbehrungen, Abenteuern und Leiden ist, jedoch arm an Wissenschaft. Es ist zu verwundern, dass die praktischen Engländer und Amerikaner den Südpol von Nordamerika aus noch nie erreicht haben, es wird aber schon noch dazu kommen, oder dann finden die schlauen Japanesen noch eher den Weg dorthin.» Würde man diese Gebiete erforschen, gelangte man zur Scheibentheorie.

Dönni ist informiert über die arktischen und antarktischen Expeditionen. 1888 hat der Norweger Fridtjof Nansen als Erster den Nordpol durchquert, dann lässt er sich mit seinem Schiff ins Packeis einschliessen in der Hoffnung, das Eis trage ihn zum Nordpol, doch das Unternehmen scheitert, er gibt auf. Der Schwede Salomon Andrée hat 1897 den Nordpol mit einem Ballon überfliegen wollen, scheitert aber ebenfalls; beim Rückweg zu Fuss kommt er mit seinen Begleitern ums Leben. 1900 erreicht der Italiener Umberto Cagni den Nordpol beinahe. «Den Nordpol kennt fast jedermann, der lesen kann», schreibt Dönni. «Nun auf zum Südpol!» Zwischen 1897 und 1904 sind insgesamt drei Expeditionen dorthin gescheitert. Weder der Belgier Adrien de Gerlache de Gomery noch der Norweger Carsten Egeberg Borchgrevink, noch der Brite Ernest Henry Shackleton haben den Südpol erreicht.

Besser hätten die Naturforscher, findet Dönni, sich um die Erforschung des gigantischen Gebiets verdient gemacht, das sich vor dem Eiswall erstreckt. Er kritisiert den Wettlauf, den die Nationen mit ihren Gelehrten und Abenteurern sich darum liefern, wer den Nord- und Südpol zuerst erreicht. Machtpolitik und Nationalismus sind ihm zuwider.

Schliesslich nimmt Dönni nochmals das Thema der Gletscher auf: Sie werden eines Tages alle schmelzen. «Das tut nicht allein der Sonnenschein, auch die Erde hilft getreulich mit, es hitzt, gärt und kocht beständig im Innern ihres grossen Leibes. Wann's mal kommt zur grossen Brunst und ihr weites, grosses Herz in Liebesglut entzündt, dann erst die Sonnenbraut, gleich der Raket den weiten, langen Kreislauf beginnt, um auch wieder neuer Brut Wärme, Licht und Leben zu spenden.» Die Hitzetheorie, die Dönni in der ersten Schrift angedeutet hat, wird nun vertieft. Apokalyptische Töne schlägt er an, die ins Groteske kippen. Die Sonne ist die Braut der Erde, welche von selbst verglüht, worauf die Sonne wie eine Rakete einen neuen Kreislauf startet. Dönni muss die Raketen im Sinn haben, die schon länger für Feuerwerke und kriegerische Zwecke eingesetzt werden.

Die Sonne aber ist nicht nur die Braut der Erde, sie ist zugleich deren Mutter. Ohne Sonne wäre die Erde «ein unbewohnbarer Eisklumpen». Die Sonne sorgt für ihre Tochter. «Und was ist der gute, stille Mond? Der ist ein Greis, hat manchen Sturm erlebt, seine grösste Brunst ist hin, sein Gesicht ist bleich, sein Gang hält der Tochter Sonne nicht mehr stand.»

Wenn Dönni über den Mond spricht, denkt er an sich?

Er beschliesst seine Schrift mit Gedanken zur Unterschiedlichkeit der Menschen, zu ihrer Widersprüchlichkeit und zur Ungerechtigkeit der Welt. «Der eine kämpft mit voller Überzeugung für eine Sache, der andere bekämpft die gleiche Sache ebenfalls mit voller Überzeugung.» Dönni hält sich aus den Zwisten heraus, wie von fern schaut er dem Treiben zu. «Da ist einer, der hat eine grosse Familie, ein schlechtes Geschäft, kein Vermögen und ist doch fröhlich und zufrieden dabei. Ein anderer lebt im Überflusse, häuft Millionen auf Millionen, findet aber nirgends Frieden, schimpft und murrt die ganze Zeit.» Die Menschen, sie könnten auf der Erde in Wohlgefühl und Harmonie leben, «wenn sie einander nur besser verstehen würden, leben und leben lassen ihr Grundsatz wäre». Aber das tun sie nicht, im Gegenteil, sie bekämpfen sich bis aufs Blut. «Aus Ehr- und Habsucht einzelner entstehen die meisten Kriege, wo Tausende und Tausende im besten Mannesalter unschuldig, straflos hingeschlachtet und zu Grunde gerichtet werden, während andererseits geringere Verbrechen mit Zuchthaus oder gar mit dem Tode bestraft werden.»

Es sind die Herrscher und ihre Justiz, welche die Menschen ins Verderben treiben, ohne dass sie dafür belangt werden, frei nach dem Sprichwort «Die kleinen Diebe hängt man, die grossen lässt man laufen». Die für den Ausbruch der Kriege verantwortlichen Politiker müssen für ihre Tat nicht geradestehen, der im Feld verzweifelnde Soldat dagegen, der den Befehl verweigert oder desertiert, wird erschossen.

«Was ist alle Ehr und Rum? / Nichts als vergänglicher Schaum.» Auch sein Erdrelief wird den Autor nicht retten, selbst wenn es ihn berühmt und noch wohlhabender machte, als er schon ist. Am Ende wartet der Tod, für jeden, für alle. Der Tod, aus dem neues Leben wächst.

Vielleicht publiziert Melchior Dönni nach seiner vierten Schrift von 1904 nichts mehr, weil er alles gesagt hat, was er zu sagen hat.

Berliner Pastorengezänk

Mit seinen Erdreliefs und Broschüren, die er unter die Leute bringen will, setzt Melchior Dönni seinen guten Ruf als Familienvater, Bürger und Unternehmer aufs Spiel. Er geht das Risiko ein, das Gespött der Leute auf sich zu ziehen und als «Spinner» tituliert zu werden. Denn wenn die Bürger und Bürgerinnen die Broschüren gelesen und sich die Reliefs angeschaut haben, werden sie ihn auf der Strasse nicht mehr respektvoll grüssen, sondern ihm ausweichen und hinter vorgehaltener Hand über ihn tuscheln und hinter seinem Rücken über ihn lachen.

Aus dem Aufsteiger droht ein Aussenseiter zu werden, aus dem angesehenen Molkereibesitzer ein schräges Stadtoriginal, im schlimmsten Fall ein «Geisteskranker». Wer «irr» ist, könnte seine bürgerliche Existenz verlieren, das Ansehen und die politischen Rechte. Dönnis gesamte Familie könnte unter seinen Ideen leiden. Und vielleicht hat sie ja tatsächlich gelitten.

Und doch lässt Melchior Dönni sich nicht aufhalten. Ohne Furcht und Tadel konstruiert er mit Säge, Leim und Farbe seine Reliefs, baut sie aus zu Weltzeituhren, publiziert seine Schriften. Er hat die Kraft und den Mut, sich wie ein Don Quijote allein gegen die herrschende Weltanschauung und Wissenschaften seiner Zeit zu stellen.

Woher aber hat der Senn seine Theorie und Ideen? Und verdienen seine Ausführungen überhaupt die Bezeichnung «Theorie»? Der Begriff kommt aus der Welt der Akademie. Er fasst ein Abstraktum. Wissenschaftliche Theorien werden in Texten ausformuliert, sind in sich logisch, beziehen sich auf andere Theorien und können von Vertretern des Fachs nachvollzogen und kritisiert werden. So verlangt es das System Wissenschaft. Ob ein Nicht-Wissenschaftler eine wissenschaftliche Theorie entwerfen kann, ist umstritten. Dönni nimmt diese Kompetenz für sich in Anspruch. Akademische Astronomen würden ihm wohl bescheiden: «Ihre Theorie verdient diesen Namen nicht, weil sie fundamentale Erkenntnisse der Wissenschaften ignoriert und sich nicht auf die Arbeiten ihrer Vorgängerinnen bezieht, was Sie betreiben, ist Pseudowissenschaft.»

Der Senn würde den Einwand der Professionellen nicht gelten lassen. In seinem Selbstverständnis ist er ein Theoretiker; er entwirft sehr wohl eine Theorie, die auf wissenschaftlichen Beweisen und Beobachtungen beruht. Er findet gar, seine Theorie sei jener der zeitgenössischen Astronomen überlegen, wobei er diese nicht der Unwissenschaftlichkeit bezichtigt, sondern der Rückständigkeit. Die Mainstream-Wissenschaftler sind einfach noch nicht so weit wie er, ja sie sind überholt. Dass er seine Theorie nicht bloss in seinen Texten niederlegt, sondern auch im anschaulichen Medium des Reliefs, könnte als Kritik oder gar als Erweiterung des herkömmlichen Theoriebegriffs gelesen werden. Dönni macht seine Theorie sinnlich erfahrbar, auch für Laien. Sie wird sozusagen praktisch und volksnah.

Woher aber hat Dönni seine Theorie? Die Ansicht, dass die Sonne sich um die Erde drehe und diese flach sei, kann natürlich die Evidenz der Alltagsbeobachtung für sich beanspruchen. Wir sehen die Sonne am Horizont der Ebene, die wir überschauen, auf- und untergehen. Spontan würden die meisten Menschen der Scheibentheorie zustimmen. Sicherlich sind die Kinder davon überzeugt, solange sie nicht zur Schule gehen, wo sie eines Besseren belehrt werden. Die Vorstellung zu akzeptieren, dass wir pfeilschnell durchs All fliegen und zeitweise quasi mit dem Kopf nach unten, ist gar nicht so einfach. Doch alle wissen: Die Erde ist eine Kugel in konstanter und schneller Bewegung.

Dass Melchior Dönni seine radikalen, ja häretischen Ideen allein aus den Erfahrungen seiner Kindheit geschöpft hat, ist unwahrscheinlich. Die Schulzeit mag ihn angespornt haben, auf die Idee der flachen Erde zurückzugreifen, doch das theoretische Gerüst, die Berechnungen und seine vagen Hinweise auf wissenschaftliche Literatur sind Belege dafür, dass Dönni in einem diskursiven Kontext arbeitet. Ohnehin geht die Wissenschaftsforschung geht davon aus, dass der Einzelne, wenn er neue Gedanken vertritt oder ein neues Paradigma entwirft, dies nicht allein tut. Entweder ist er im Austausch mit Gleichgesinnten oder greift auf schriftliche Versatzstücke seiner Zeit oder aus der Vergangenheit zurück. Denken und Theoretisieren sind nicht rein individuelle, sondern interaktive und kollektive Tätigkeiten. Wer geistig isoliert lebt, entwickelt keine Ideen.

Nur die Titel zweier Bücher, die Melchior und Maria Dönni-Schriber besessen haben, sind überliefert. Beides sind Prachtbände, deren kostspielige Anschaffung die Eheleute nicht gescheut haben.

Cäcilie von Rodts «Reise einer Schweizerin um die Welt» von 1903 gehört wohl Maria Dönni-Schriber. Die Berner Patrizierin erzählt in frischem Ton von ihrer Weltreise, die sie mit 700 teils von ihr selbst geschossenen Bildern illustriert hat. «Natürlich fehlte es nicht an Ratschlägen, an Abmahnungen und Warnungen», schreibt von Rodt. «War es ja in meinem Bekanntenkreis etwas ganz Unerhörtes, nie Dagewesenes, dass eine Dame, eine wirkliche, leibhaftige Dame, ohne männlichen Schutz, unbegleitet und ungeleitet, sich über die gewohnten Grenzen hinaus bis zu den Urwaldstieren oder gar zu den Menschenfressern wagen sollte. Aber – des Menschen Wille ist sein Himmelreich – und ich reiste ab.»

Zuerst fährt Cäcilie von Rodt nach New York und weiter in die Vereinigten Staaten, von dort nach Hawaii, Japan, China, dann nach Britisch-Indien und Ceylon, schliesslich nach Ägypten und über Italien wieder nach Bern.

Hat Dönni sich in von Rodts Buch über die von ihm 1904 genannten Schiffsrouten informiert, die um den Globus führen? Unter anderem aus ihnen leitet er ja den Beweis ab, die Erde sei flach. Maria Schriber-Dönni dürfte im Buch etwas anderes gefunden haben: Man könnte sich die siebenfache Mutter, die acht Kinder grosszieht, gut vorstellen, wie sie auf eigene Faust in die weite Welt verreist, aber nicht, um deren flache Gestalt zu beweisen. Entschlossen würde sie sich ihren Weg bahnen, sich nicht einschüchtern lassen durch fremde Sitten und Sprachen, fast nichts könnte sie aufhalten ausser vielleicht ein turmhoher Eiswall. Aber Maria Schriber-Dönni unternimmt keine Weltreisen, sie ist anderweitig beschäftigt.

Den zweiten Band dürfte Melchior Dönni für sich angeschafft haben: Hans Kraemers «Weltall und Menschheit» von 1900. Der deutsche Unternehmer ist ein Vielpublizierer, ein Buch nach dem anderen wirft er auf den Markt, meist zu Naturwissenschaften, Geisteswissenschaften und Politik. Dass der üppig illustrierte, gediegene Band existiert und erhältlich ist, erfährt Dönni wahrscheinlich aus dem «Luzerner Tagblatt», das die Publikation anzeigt. Kraemer, der Naturwissenschaften und Kulturgeschichte studierte, hat für das Buch mehrere Professoren als Autoren gewinnen können.

Erhofft Dönni sich vom Buch Unterstützung für seine Theorie, als er es kauft? Wenn ja, findet er keine, im Gegenteil. Kraemer singt das Hohelied der etablierten Naturwissenschaften. «Die moderne Forschung ist frei von philosophischer Grübelei», sie operiert mit «naturwissenschaftlichen Fakten. Es bedurfte unendlicher Kämpfe, um der heute anerkannten Theorie des Sonnensystems zum Durchbruch zu verhelfen.» Die Heroen, die Kraemer auflistet, heissen Nikolaus Kopernikus, Tycho Brahe, Johannes Kepler, Galileo Galilei, Isaac Newton und Christoph Kolumbus. Letzterer sei wichtiger als Renaissance und Reformation zusammen, behauptet Kraemer, weil er mit seiner Fahrt nach Amerika die Kugelgestalt der Erde bewiesen habe.

Der Erkenntnisfortschritt sei nicht aufzuhalten, doziert der deutsche Unternehmer weiter: «Aus den einstens scheu vor den Naturgewalten Flüchtenden, die sich und ihre Erde für den Mittelpunkt der Erde hielten, sind tapfere Streiter geworden. Die Erkenntnis, dass der Mensch und sein rastlos sich drehender Wohnsitz Erde in der Unendlichkeit des Weltalls nur einem Staubkorn gleichen, hat schon manchen gigantischen Gegner zum Sklavendienst im Tempel der Wissenschaft gezwungen.» Die Naturwissenschaften, sie sind die neue Religion.

Nur eine Stelle in Kraemers Buchs dürfte Dönni ermutigt haben, an seiner Theorie festzuhalten: «Mit Ausnahme verhältnismässig kleiner Gebiete an Nord- und Südpol ist die gesamte Erdoberfläche bekannt», schreibt Kraemer. Solange also der Südpol unerforscht bleibt, könnte er sehr wohl aus den Eiswällen bestehen, der die Meere am Abfliessen hindert. Und die noch unbekannten Gebiete, die sich weitflächig vor dem riesigen Eisring erstrecken, sind ein weiterer Baustein der Scheibentheorie, wie Dönni in einer seiner Broschüren schreibt.

Seine Theorie beruht letztlich auf zwei Säulen: Dass die Erde flach und fix sei – und dass die Sonne sich über ihr drehe. Dönni verbindet die beiden Säulen miteinander, die je für sich stehen könnten.

Das geozentrische Weltbild, wonach die Sonne um die Erde rotiert, die den Mittelpunkt des Universums bildet, ist alt. Der Geozentrismus wird auf den griechischen Gelehrten Claudius Ptolemäus zurückgeführt, der im zweiten Jahrhundert n. Chr. lebte. Die meisten Gelehrten folgten ihm. Die Kirche behauptete mit der Bibel: Die Erde ist das Zentrum des von Gott geschaffenen Alls und mit ihr der Mensch, die Krone der Schöpfung.

Die Wende kam in der Renaissance mit dem 1543 verstorbenen Mathematiker Kopernikus. Er gilt mit Galilei als der Begründer des Heliozentrismus. Die Kopernikaner postulieren gegen die Ptolemäer, die Erdkugel bewege sich sowohl um die eigene Achse als auch um die Sonne, die im Zentrum des Weltalls strahle.

Der Kopernikanismus setzt sich langsam und gegen Widerstände durch. Die Kirchen und die mit ihnen verbandelten Obrigkeiten weisen die kopernikanische Theorie zunächst zurück. Wie die Historikerin Eveline Szarka schreibt, verbietet der Basler Rat 1675 dem Mathematikprofessor Peter Megerlin, in seinen Vorlesungen an der Universität das heliozentrische Weltbild zu vertreten. Als Megerlin sein Werk «Systema mundi Copernicanum argumentis incivtis demonstratum et conciliatum theologiae» publiziert, wird dieses vom Rat zensuriert. Seinen Versuch, das kopernikanische Weltsystem in Einklang mit der Theologie zu bringen, wie der lateinische Titel besagt, akzeptiert die Kirche nicht.

Im 19. Jahrhundert sträuben die Kirchen sich nicht länger gegen den Kopernikanismus, zu gross ist der «common sense» in der Welt der Wissenschaft. Um 1900 ist das heliozentrische Weltbild breit akzeptiert. Selbst die konservativen Vertreter der katholischen Kirche, die noch im 18. Jahrhundert behauptet hat, die Erde sei das Zentrum des Weltalls, vertreten nun den Heliozentrismus.

Mit seinem Geozentrismus steht Dönni allein. Fast allein. In Deutschland bekämpfen reformierte Fundamentalisten und Pastoren den Kopernikanismus. Einer der Ersten ist Carl Schöpffer, Schriftsteller und Gymnasiallehrer mit Hang zur Hochstapelei. Früh beginnt der Sohn eines Predigers, Bücher zu schreiben, erst Räuberromane, dann populärwissenschaftliche Broschüren zu Astronomie, Geschichte, Religion, Homöopathie, Tierheilkunde und Gartenbau.

Um 1850 kommt Schöpffer in Kontakt mit dem Naturphilosophen und Astronomen Karl Ludolf Menzzer. Der Besitzer einer kleinen Sternwarte übersetzt Kopernikus' Hauptwerk «De revolutionibus orbium coelestium» ins Deutsche («Über die Umlaufbahnen der Himmelssphären»). Als Menzzer 1853 im Naumburger Dom in Saale den Foucaultschen Pendelversuch wiederholt, der für viel Aufsehen gesorgt hat, ist Schöpffer mit dabei.

Zwei Jahre zuvor hat der französische Physiker Léon Foucault im Panthéon in Paris ein fast siebzig Meter langes Seil montiert, an dem eine dreissig Kilo schwere Kugel mit einer nach unten zeigenden Spitze über einem Sandbett hängt. In Schwingung versetzt, zeichnet diese eine Linie in den Sand, die nach und nach ihre Richtung ändert. Der Grund, folgert Foucault, ist die Erdrotation. Auch für Menzzer ist klar: Die Erde bewegt sich um sich selbst.

Schöpffer aber zieht daraus den entgegengesetzten Schluss. Er verabschiedet sein bisheriges Weltbild: «Ich lehrte das kopernikanische System, ohne es zu begreifen.» Er geht in die Opposition und hält seine neue Erkenntnis sogleich in einer weiteren Broschüre fest: «Die Erde stehet fest. Beweise, dass die Erde sich weder um ihre Achse noch um die Sonne dreht». In der Folge propagiert Schöpffer den Antikopernikanismus, was ihm den Spott der Satirezeitschrift «Kladderadatsch» einträgt.

Das hält ihn nicht auf: Er greift die «hochmütigen Herren Physiker und Astronomen» an. Alle grossen Denker, auch die Philosophen Friedrich Wilhelm Joseph Schelling und Georg Wilhelm Friedrich Hegel, hätten sich gegen die Kopernikaner gewendet, behauptet er. Der Kopernikanismus mache «die Jugend für alles Hohe und Heilige unempfänglich. Ich werde mit Gottes Hilfe allen Aberglauben unsers Jahrhunderts angreifen, ich werde die Charlatanerie unserer Zeit, wo ich ihr begegne, an das Licht ziehen. Kopernikus System, Keplers Gesetze, Newtons Dogma: alle drei sind Erzeugnisse der Phantasie, werden durch keine wahrnehmbaren Beobachtungen unterstützt, erklären keine einzige der am Himmel vorgegebenen Erscheinungen, widersprechen vielmehr allen gegründeten Wahrnehmungen der wahren Astronomie». Die «wahre Astronomie» ist nicht jene der etablierten Wissenschaften.

So angriffig Schöpffers Broschüren sind, sie finden wenig Resonanz. Es ist der pietistische Prediger Gustav Friedrich Ludwig Knak, der den Antikopernikanismus 1868 auf die Bühne der deutschsprachigen Öffentlichkeit hebt. Er nimmt in Berlin am reformierten Kirchentreffen teil, dessen Stimmung getrübt ist. Die Pastoren sind sich uneins. Während die Konservativen an der wortwörtlichen Auslegung der Heiligen Schrift festhalten, vertreten die Liberalen die Ideale der Aufklärung. Sie deuten die Bibel unter historischen und philologischen Gesichtspunkten, was darauf hinausläuft, sie nicht wörtlich zu nehmen. Die Gottesmänner disputieren und streiten.

Als ein Liberaler im Wortgefecht zu Gustav Friedrich Ludwig Knak sagt, er, Knak, werde doch wohl kaum mit der Bibel glauben, dass die Erde stillstehe und die Sonne sich um diese bewege, ruft dieser aus: «Ja, das glaube ich, ich kenne keine andere Weltanschauung, als die der heiligen Schrift!»

Damit setzt Pastor Knak sich in die Nesseln. Ein Sturm der Entrüstung folgt, nicht nur in Berlin. Die «Neue Zürcher Zeitung» schreibt: «Als Kuriosität teilen wir mit, dass sich in Berlin, der Metropole der deutschen Intelligenz, der Prediger Knak im Jahre 1868 nach Christi Geburt als Verteidiger der biblischen Ansicht, dass die Erde still stehe und die Sonne sich um sie bewege, berüchtigt macht.» An deutschen Universitäten protestieren Studenten, Knak wird mit Schmähbriefen eingedeckt, die an den «Ober-Sonnen-Scheiben-Meister» adressiert und mit «Galilei», «Kopernikus» und sogar mit «Mephistopheles» und «Satan» unterschrieben sind.

Auch der bekannte Historiker Friedrich von Raumer mischt sich in die Debatte ein: «Wie würde sich der Inquisitor, der Galilei einsperren liess, freuen, wenn er hörte, dass nach 235 Jahren sein Urteil von einem protestantischen Geistlichen in der gebildeten Hauptstadt Norddeutschlands eine erstaunenswürdige Bestätigung erfahren hat!» 120 Berliner Intellektuelle unterzeichnen ein Manifest, das sich gegen Knak richtet: «Über die Gesetze der Naturwissenschaften ist die heilige Schrift, das Buch des religiösen Lebens, nicht massgebend. Die Erde bewegt sich um die Sonne.»

Das «Frankfurter Journal» nennt Knak «Sonnenschieber», der «Kladderadatsch» titelt «Knak contra Copernikus» und widmet ihm ein Spottgedicht: «Seht nur hin! Da steht er, / An der Sonne dreht er! / Leicht wie eine Feder, Schwingt er sie im Äther. Unser Struwwelpeter / Ist ein ganz completer / Kleiner Archimeder – / denn er suchte und fand den Punct, von welchem aus er den gesunden / Menschenverstand aus den Angeln zu heben gedenkt. / Dies Letztere ist zwar ungereimt, aber wahr.» Eine Karikatur zeigt den Pastor auf dem Erdglobus stehend, der auf einer Kirchturmspitze aufgespiesst ist. Knak dreht die missmutig dreinblickende Sonne an einem Stab um sich herum. Der Pastor steht, die Sonne geht.

So gross die Häme, so gross ist die Unterstützung, die der Pastor aus orthodoxen Kreisen erfährt. Sein Ausruf «Ja, das glaube ich!» wirkt wie ein Weckruf, der das in die Defensive geratene konservative Lager eint, das am rechten Glauben festhält und überall Gottlosigkeit und Ketzerei wittert.

Man gratuliert Knak zu seinem Mut und mobilisiert seine Verteidigung: «Wir Pastoren dürfen uns nicht zurückziehen, sondern müssen laut und öffentlich bekennen. Wenn wir alle rechte Zeugen wären, wie wir sein sollten, so müssten wir in dieser Zeit des allgemeinen Abfalls, wo man nicht bloss die Gottheit Jesu Christi, sondern selbst die Voraussetzungen des Christentums, den persönlichen und lebendigen Gott, ja selbst die Unsterblichkeit der Seele leugnet und rein heidnische Anschauungen hat, lauter Märtyrer werden», schreibt ein anonymer Pfarrer. Was in der Bibel steht, ist buchstäblich die reine Wahrheit: «Das Wort Gottes kann niemals irren.» Zudem sei das kopernikanische System eine blosse Hypothese, die in hundert Jahren überholt sein werde. Der aus biblischer Sicht obsolete Kopernikanismus hat wissenschaftlich keinen Wert.

Pastor Gustav Jahn publiziert für seinen Amtsbruder Knak 1868 die Schrift «Der gesunde Menschenverstand und die stillstehende Sonne zu Gibeon», in welcher er das antikopernikanische Weltbild propagiert. Der Theologe und Missionar Hermann Theodor Wangemann gibt sich gemässigter. Er resümiert die Auseinandersetzung in der Broschüre «Pastor Knak und seine Gegner». Knaks Bekenntnis, schreibt Wangemann, sei «in den Augen derer, die aus der Wissenschaft ihren Götzen gemacht haben, eine unerhörte Frechheit, ein Frevel, der durchaus verdientermassen der Verachtung, dem Spott, ja selbst der Verfolgung preisgegeben werden musste.» Wangemann lässt offen, ob er das kopernikanische System akzeptiert oder nicht, gibt aber zu bedenken, es gehöre zum Wesen der Wissenschaft, dass ihre Resultate nicht unumstösslich seien, sondern dass es jedem denkenden Individuum freistehe, sie zu bezweifeln und weiter zu forschen, ob es sich anders verhalte. Er geht davon aus, dass der Kopernikanismus über kurz oder lang seine Gültigkeit verliere.

Hat Melchior Dönni die Knak-Affäre mitbekommen, ist ihm eine der Streitschriften in die Hände gefallen? Vielleicht. In einer seiner Broschüren schreibt er, bald schon werde der Rest der Welt so viel wissen wie er, bald schon würden auch Forscher davon überzeugt sein, dass die Erde keine Kugel, sondern eine Scheibe sei. Manche Erkenntnisse brauchen eben länger, bis sie sich durchsetzen.

Die Knak-Affäre ebbt ab, doch weitere Antikopernikaner melden sich zu Wort. 1883 veröffentlicht Georg L. Steinwender, Pastor in Görlitz, seine heute verschollene Schrift «Die kopernikanische Weltanschauung unvereinbar mit der Bibellehre». Daraus überliefert ist eine Sentenz, die es in sich hat: «Die Erde steht, die Sonne geht.» Wie ein Slogan, der sich obendrein reimt, verdichtet er das Weltbild der Antikopernikaner.

«Die Erde steht, die Sonne geht»: Melchior Dönni benutzt die Losung prominent und wiederholt, 1902 das erste Mal.

Die deutschen Antikopernikaner erhalten Zuspruch auch aus weltlichen Kreisen. Ein Dr. F. F. Sapruk, dessen Name wohl ein Pseudonym ist, publiziert 1896 die Schrift «Die Erde steht, die Sonne geht oder ein neuer Feldzug gegen das kopernikanische Weltsystem auf den Gebieten der Mathematik, Physik, Astronomie, Geologie und Meteorologie». Hat Sapruk seinen Titel von Steinwender übernommen? Er klagt, wie schwer es sei, sich seit Kopernikus und Galilei öffentlich gegen das heliozentrische System zu äussern. Wer dies tue, werde als Narr verschrien. Sapruk bringt gegen Kopernikus weder theologische noch biblische, sondern allein physikalische und mathematische Argumente vor; er beruft sich sogar auf den englischen Gelehrten Francis Bacon, der als Wegbereiter des empirischen Forschens gilt. Laut Sapruk beweisen unter anderem die Verteilung des Wassers auf der Erde sowie Fall- und Wurfversuche die Gültigkeit des geozentrischen Weltsystems. Auch Dönni führt diese Argumente an.

So gross der rechnerische Aufwand auch ist, den Sapruk mit Tabellen und Diagrammen betreibt, seine Argumentation läuft darauf hinaus, dass die Erde sich weder durch das Weltall bewegen noch um sich selbst drehen könne, weil der dadurch verursachte Luftstoss andauernd Bäume entwurzeln und Häuser umstossen müsste.

Die Kopernikaner sind Phantasten und Dichter, die von richtiger Wissenschaft keine Ahnung haben, sagt Sapruk. Er ist sich sicher: Alle bisherigen Entdeckungen der Astronomie und alle neueren Experimente der Physik, der Geologie und Meteorologie beweisen das Stillstehen der Erde. Wer das bestreitet, dem ist nicht mehr zu helfen, resümiert der Autor im Brustton der Überzeugung: «Alle jene Leser und Leserinnen, welche durch die bombenfesten Argumente wie zum Beispiel Gewehr- und Kanonenkugeln von der Unbeweglichkeit der Erde nicht überzeugt sind, mögen nun mit der Erde in schwindelnder Geschwindigkeit um die Erdachse weiterfliegen, ich aber will im Gegenteil auf der unbeweglichen Erde ganz gelassen einherschreiten und auf dieser stillstehenden Erde als einem festen, unbeweglichen Standpunkte in aller Ruhe meinen naturwissenschaftlichen Studien weiter obliegen.»

Sapruks Motiv, sich gegen die wissenschaftlichen Autoritäten zu wenden und solch eine verpönte Position zu vertreten, bleibt im Dunkeln. Der österreichische Astronom Johann Palisa, Entdecker von Asteroiden und Herausgeber von Sternatlanten, hat in der Wiener Wochenschrift «Die Zeit» nur Spott übrig für Sapruks Publikation: «Es ist stellenweise sehr erheiternd, wie der gute Mann sich seine ‹Argumente› zusammensucht.» Gut möglich, dass Sapruk ein reformierter Bibelfundamentalist ist, der seinen Glauben hinter seiner Wissenschaftlichkeit versteckt, damit er in ausserreligiösen Kreisen ernstgenommen wird.

Mit Frederick Emil Pasche fasst der Antikopernikanismus auch in den Vereinigten Staaten Fuss. Der lutheranische Pastor, der aus Brandenburg nach Minnesota ausgewandert ist und dreizehn Kinder hat, schreibt 1904 in seinem Buch «Christliche Weltanschauung. Kosmogonie und Astronomie», dass das ptolemäische System im Einklang sei sowohl mit der Bibel als auch mit der wahren Wissenschaft. «Wissenschaft – das ist das Zauberwort, welches die Geister bannt. Vor diesem Moloch wirft sich alles in den Staub.» Kopernikus' Theorie sei nichts anderes als die Reproduktion einer alten heidnischen Philosophie, und mit

Kopernikus seien die heutigen Evolutionisten eng verflochten, bei denen alles auf «blosse Natur und Willkür» hinauslaufe. Für Gott ist kein Platz mehr, klagt Pasche. Die liberalen Theologen würden die biblische Wahrheit auf dem Altar der sogenannten Wissenschaft opfern.

Zu weit gehen Pasche indes die Verfechter der Theorie der Scheibenerde, die ebenfalls Antikopernikaner sind. Namentlich erwähnt er den US-Amerikaner Alex Gleason, einen bekennenden «Flatearther». Dass dessen Theorie falsch sei, könnte man schon lange wissen: «Kolumbus hat 1492 bewiesen, als er nach Amerika segelte, dass die Erde eine Kugelgestalt hat.» Und schliesslich, behauptet Pasche, lehre die Erfahrung, dass die Erde rund sei. Das hätten schon die Chaldäer, Ägypter und alten Griechen gewusst.

Melchior Dönni hat Pasche nicht gelesen. Als dieser sein Buch publiziert, hat er seine Broschüren bereits geschrieben. Aber Pasche dürfte die deutschen antikopernikanischen Pastoren studiert haben, und möglicherweise hat auch Dönni sie rezipiert. Seine Sentenz «Die Erde steht, die Sonne geht» könnte ein Hinweis darauf sein. Die Antikopernikaner bestärken ihn auf seinem Weg, aber er geht weiter. Er übernimmt nicht einfach deren Weltbild, er schafft etwas Eigenes.

Ein schnurgerader Kanal in England

Ein Antikopernikaner muss noch lange kein Flacherdler sein. Der Antikopernikaner glaubt, dass die Sonne sich um die Erde dreht, die kugelrund ist. Der Flacherdler dagegen radikalisiert den Antikopernikanismus: Die Sonne dreht sich über der Erde, die fix im Zentrum des Alls steht – und eine Scheibe ist.

Dass die Erde flach sei, glaubt um 1900 kein Gelehrter. Und die Naturwissenschaftler glauben es schon lange nicht mehr. Bereits die griechische Antike weist die Scheibentheorie zurück. Seit den Werken der Philosophen Plato und Aristoteles, die im vierten Jahrhundert v. Chr. lebten, herrscht unter den westlichen und arabischen Gelehrten Einigkeit, dass die Erde eine Kugel sei. Debattiert wird allenfalls darüber, ob die südlichsten Breitengrade bewohnt oder überhaupt bewohnbar sind, schreibt der Wissenschaftshistoriker Michael D. Gordin. Im Mittelalter wird der Glaube, die Erde sei eine Scheibe, von den christlichen und islamischen Gelehrten als Unsinn abgetan. Er wird nur von Einzelnen verfochten. Zwei prominente Flacherdler jener Zeit sind der Kirchenvater Lactantius und der Schriftsteller Kosmas Indikopleustes. Sie sind mit ihrer Ansicht ziemlich isoliert.

Dann tritt in der Mitte des 19. Jahrhunderts Samuel Birley Rowbotham auf den Plan. Der exzentrische Brite, der sich vor allem als Erfinder betätigt, widmet der Propagierung der Scheibenerde sein ganzes Leben. Und er wird damit unerhörten Widerhall finden.

Rowbotham publiziert unter dem Namen «Parallax». Das Wort kommt aus der Physik und Astronomie. Es bezeichnet den paradoxen Effekt, dass ein Objekt je nach Blickwinkel des Betrachters eine andere Position innehat. Es scheint seinen Standort zu ändern. Mit seinem Pseudonym ruft Parallax aus: «Achtung, schaut genau hin!» Latent besagt der Ausruf: Die meisten schauen nicht genau hin, schon gar nicht die Wissenschaftler.

Samuel Rowbotham kommt 1816 in Manchester zur Welt, rund eine Generation vor Melchior Dönni. Sein Vater ist Kaufmann, die Mutter stammt aus einer wohlhabenden Industriellenfamilie, die am Bau der Eisenbahn von Manchester nach Liverpool beteiligt ist. Die Unternehmer sind daran interessiert, dass die Baumwolle schneller vom Liverpooler Hafen in ihre Fabriken gelangt. Als Jugendlicher fällt Samuel in der Schule auf, weil er fromm und zugleich rebellisch ist, was ihm viele Strafen einbringt. Rückblickend schreibt er, dass er im Alter von sieben Jahren erstmals an Newtons Gravitationsgesetz gezweifelt habe, das erklärt, wieso die Menschen nicht von der rotierenden Erde fallen, wenn sie quasi auf dem Kopf stehen. Als er später die Bibel studiert habe, sei es ihm wie

Schuppen von den Augen gefallen: Schon die «alten Hebräer» hielten die Erde für eine flache, unbewegliche Scheibe! Kurzum: Die Bibel hat Recht, Newton nicht.

Ob Rowbotham die Überzeugung, die Erde sei eine Scheibe, wirklich nur aus der Bibel hat, wie er schreibt, ist indes unklar. Laut dem Historiker Jeffrey Burton Russell ist es der US-amerikanische Schriftsteller Washington Irving, der die Idee der Scheibenerde in der Neuzeit in die Welt gesetzt habe – paradoxerweise, ohne dass er an sie geglaubt hätte. 1815 reist der 32-jährige Irving nach England, wo er das väterliche Unternehmen sanieren soll. Weil sich das Unterfangen als aussichtslos erweist, beschliesst er, voll und ganz auf die Schriftstellerei zu setzen, die er schon länger betreibt. Das Wagnis zahlt sich aus, er kann von seinem Beruf leben. Nach seiner Spanienreise erscheint 1828 in London und in den Vereinigten Staaten ein weiterer Bestseller aus seiner Feder: Die mit viel Fantasie ausgeschmückte Biografie «A History of the Life and Voyages of Christopher Columbus». Noch im gleichen Jahr wird die deutsche Ausgabe publiziert.

In seinem vierbändigen Werk präsentiert Irving den italienischen Seefahrer Kolumbus als unerschrockenen Helden, der von Spanien aus, wo er in Diensten des Königs steht, nicht nur einen neuen Kontinent entdeckt, sondern auch das mittelalterliche Weltbild über den Haufen wirft. Kolumbus beweist mit seiner Fahrt, dass die Welt eine Kugel und keine Scheibe ist. Von der Scheibengestalt der Erde seien die damaligen, ziemlich bornierten Gelehrten überzeugt gewesen, schreibt Irving. Er selber glaubt nicht daran, aber er glaubt auch nicht, dass die mittelalterlichen Philosophen daran geglaubt haben. Laut Russell erlaubt sich Irving einen Scherz, den er mit pseudowissenschaftlichen Quellenverweisen tarnt und so plastisch ausmalt, dass in der Folge nicht nur die Ansicht sich durchsetzt, das finstere Mittelalter sei in seiner Beschränktheit von der Scheibengestalt der Erde ausgegangen, sondern auch die Idee an Attraktion gewinnt, die Erde sei tatsächlich eine Scheibe.

Möglicherweise hat Rowbotham Irvings Kolumbus-Biografie gelesen und sich inspirieren lassen. Möglich wäre auch, was der Wissenschaftsforscher Robert Schadewald vermutet: Dass Rowbotham die Broschüre «The Anti-Newtonian» in die Finger bekam, die ein anonymer Autor 1819 in London publizierte. Sie enthält die wesentlichen Ideen der Rowbothamschen Theorie. Gestelzt, pathetisch und drohend verkündet der Anonymus, dass Newtons Theorie den Wahrheiten des «Allmächtigen Schöpfers» widerspreche. Er, der Autor, nehme den Kampf auf gegen den grossen Philosophen, gegen Gelehrte mit klassischer Bildung und aufgeklärte Regierungen, gegen mächtige Meinungen. Die Erde sei eine riesige kreisförmige Ebene, umgeben von einer Wand aus Eis. Seine Karte setzt den Nordpol in die Mitte der Ebene und den Südpol an den Rand. Die Sonne kreist über der Erde. In der Region des Südpols ist sie unerforscht und unbewohnbar.

Das ist Wissen aus der Antike. Auf welche Quellen sich der Anonymus stützt, ist nicht bekannt.

Seine Laufbahn als «Flatearther» startet Rowbotham im Sommer 1838, als er Sekretär einer sozialistischen Kommune im ostenglischen Manea ist. Die Gemeinschaft strebt die genossenschaftliche Utopie des Unternehmers und Sozialreformers Robert Owen an. Doch Rowbotham tritt plötzlich mit einer anderen Idee auf: Die Erde sei flach. Als er die Kommune auf sein neues Ideal verpflichten will, werden er und seine Mitstreiter hinausgeworfen, wie Robert Schadewald schreibt.

Die Kommune liegt am Bedford-Kanal, der auf einer Länge von rund zehn Kilometern schnurgerade verläuft. Einen besseren Ort, um die Flachheit der Erde zu beweisen, kann es nicht geben, findet Rowbotham. Er steigt in den Fluss und beobachtet durch ein Fernrohr ein Boot, das mit einer Flagge am Mast von ihm wegrudert. Die ganze Zeit kann er es sehen, bis es bei der Welney-Brücke ankommt. Wäre die Erde eine Kugel, müsste das Schiff aus seinem Sichtfeld verschwinden, behauptet Rowbotham, es müsste seinen Berechnungen zufolge etwa dreieinhalb Meter darunter liegen.

Erst 1849 bringt Rowbotham seine Erkenntnis in zwei Pamphleten zu Papier. Sie suchen zu beweisen, die Erde sei eine flache, runde Scheibe, in deren Zentrum der Nordpol liege. An ihrem Rand erhebe sich eine Wand aus Eis, die das Meerwasser am Abfliessen hindere. Die Sonne und der Mond, die Planeten und Sterne bewegten sich nur einige tausend Kilometer über der Erdoberfläche. Die Sonne sei weniger als 6400 Kilometer von der Erde entfernt.

Auch mündlich weibelt Rowbotham für seine Idee. Er tritt gerne vor Publikum auf, liebt den Disput und die Debatte, stundenlang kann er seine Beweise ausbreiten und sich in Eifer reden. Eine Stadt nach der anderen sucht er auf, um seine Weltsicht zu verkünden. Sogar im Königlichen Observatorium von Greenwich hält er seine Vorlesungen.

Um seine Sache weiter zu stärken, gründet Parallax die Zetetic Society, die seine «zetetische Astronomie» praktiziert. Das Wort «Zetetic» hat er vom griechischen Verb «zeteo» abgeleitet, das Suchen und Prüfen bedeutet. Rowbothams Devise lautet: «Der tatsächliche Zustand der Dinge entzieht sich unserer Beobachtung.» Rowbotham und seine Getreuen verstehen sich als Suchende und Verteidiger der «wissenschaftlichen Wahrheit», die gegen eine elitäre Verschwörung ankämpfen. Während die Gelehrten sich mit ihren Dogmen abschotten, befreien sie, die Zetetics, die Wissenschaft von Dünkel und Vorurteilen. Sie sprechen für das Volk – und für die Bibel.

Dass die Erde flach und immobil ist, beweisen erstens die wissenschaftlichen Experimente, welche die Zetetics durchführen, und zweitens die Beobachtungen von Gelehrten, die Parallax zitiert, sofern sie in seine Weltsicht passen. Drittens wird die Flachheit der Erde durch die Bibel belegt. Zahllose Stellen führt Parallax an, die er als unumstössliche Beweise ansieht. 1865 veröffentlicht er sein Opus magnum: Sein über 200 Seiten zählendes Buch mit dem ausufernden Titel «Zetetic Astronomy. The Earth not a Globe! An Experimental Inquiry into the Figure of the Earth: Proving it a Plane [...]». Endlich ist seine Theorie mit den notwendigen wissenschaftlichen Weihen ausgestattet. Kurz zuvor hat der 45-jährige Parallax das zweite Mal geheiratet. Seine Frau ist gerade mal sechzehn Jahre alt. Vierzehn Kinder wird sie zur Welt bringen.

In seiner «Zetetic Astronomy» erläutert Parallax seine Sicht der Welt anhand einer Erdkarte. In der Mitte befindet sich der Nordpol. Der weisse, kreisrunde Fleck bildet das Zentrum der Welt. Davon ausgehend dehnen sich die in den Meeren liegenden Kontinente in Richtung Süden aus: Nord- und Südamerika, Europa, Asien und Afrika. Der Äquator ist als kreisrunde Linie eingezeichnet, die mitten durch Afrika und den nördlichen Teil von Südamerika führt. Die Südregion besteht aus einem kreisrunden Eisgebirge, das den Rand der Erde bildet. «Es gibt ein Zentrum – den Norden – und einen Umkreis – den Süden.» Auf zwei weiteren Weltkarten hat Parallax vier Segelschiffchen gezeichnet, die am Eisrand entlang von Osten nach Westen fahren, und die Sonne mit ihrem Strahlenkranz, der nie die ganze Erde trifft, auf ihrer Umlaufbahn. Er leuchtet auf der Erde wie der Lichtkegel einer Taschenlampe. Wo er nicht hinkommt, ist es Nacht.

Melchior Dönni zeichnet auf sein Weltzeituhrrelief Schiffchen und die Sonne mit ihren Strahlen. Auch auf seinen gedruckten Weltkarten sind Schiffchen zu sehen.

Das elfte Kapitel von Parralax' Buch behandelt die Hitze des Erdinnern. Der Autor breitet zahllose Belege aus, unter anderem stützt er sich auf er den Genfer Theologen Samuel Robert Louis Gaussen. Diesen zitiert Parallax ausgiebig: «Man sagt, dass, wenn man sehr tief in die Erde ginge, die Temperatur alle hundert Fuss um ein Grad ansteigen würde; und in einer Tiefe von etwa zehn Meilen würden alle Felsen schmelzen. Es wird der Tag kommen, an dem diese Erde vom Feuer verbrannt wird. Feuer ist in ihrem Inneren, bereit, jeden Moment auszubrechen. Diese Erde ist zwar rundherum mit einer festen Kruste bedeckt, aber in ihrem Inneren brennt alles.»

Die apokalyptische Vision des Theologen fesselt Parallax. Er reichert sie mit seinem Wissen an: «Dass das Feuer in der Erde von brennbaren Stoffen umgeben ist, ist eine Gewissheit; die Millionen Tonnen von Kohlen, Torf, Mineralölen, Steinkohlenteer, Pech, Asphalt, Bitumen, Erdöl, Mineralnaphtha und zahlreichen anderen Kohlenwasserstoffen, die in verschiedenen Teilen der Erde vorhanden sind, und vieles davon weit unter der Oberfläche, beweisen diesen Zustand.»

Die Menschen leben auf einem Vulkan, einem Pulverfass; ein Funke, und alles explodiert.

Parallax fährt fort: «Wir sehen deutlich, dass eine chemische Aktion oder ein Feuer sich schnell ausbreiten und an Intensität zunehmen würde, bis die ganze Erde mit allem, was in ihre Zusammensetzung eingeht, sich schnell zersetzen, verflüchtigen und in eine riesige, unbeschreibliche, vernichtende Feuersbrunst ausbrechen könnte!»

In seiner letzten Broschüre schreibt Melchior Dönni, bald würden alle Gletscher aufgrund der zunehmenden Hitze schmelzen. «Das tut nicht allein der Sonnenschein, auch die Erde hilft getreulich mit, es hitzt, gärt und kocht beständig im Innern ihres grossen Leibes. Wann's mal kommt zur grossen Brunst und ihr weites, grosses Herz in Liebesglut entzündt, dann erst die Sonnenbraut, gleich der Raket den weiten, langen Kreislauf beginnt, um auch wieder neuer Brut Wärme, Licht und Leben zu spenden.» Auf seiner Hochzeitsreise in Neapel hat Dönni mit eigenen Augen gesehen, wie Lava aus den Flanken des Vesuvs strömt.

Schon in seiner ersten Broschüre schreibt er, dass sich unter der Erdoberfläche «brennbare Stoffe wie Moor, Turben, Steinkohlen, Schwefel und Erdöl» befänden.

Rowbotham findet Anhänger und Anhängerinnen, die seine Ideen übernehmen und vertreten. John Hampden scheint für die Zetetics ein Glücksfall zu sein. Keiner verficht die Scheibentheorie so vehement und polemisch wie er, offen greift er die Newtonsche Astronomie und die gelehrte Welt an. «Nun kann man mit Recht fragen: Wie lange noch sollen unsere Geologie- und Geografieprofessoren, unsere Schulen und Universitäten unseren Söhnen und Töchtern diese monströsen Absurditäten, diese unbiblischen Vorstellungen eintrichtern allein aufgrund der Autorität halbgläubiger Philosophen und Enthusiasten, deren einziges Vergnügen es zu sein scheint, die göttliche Offenbarung zu ignorieren, wenn nicht gar zu entehren und in Verruf zu bringen?»

Für sein Hauptwerk, das 1869 erscheint, fabriziert Hampden einen noch längeren Titel als sein Meister Rowbotham: «The Popularity of Error and the Unpopularity of Truth having special Reference to the old Copernican and later Newtonian Theory of the Rotundity and Revolution of the Earth [...]». Das Buch enthält eine detaillierte «Karte der Welt, die sie als Ebene darstellt». In den Grundzügen folgt sie Rowbothams Karte.

Ein Jahr später aber erweist Hampden den Zetetics einen Bärendienst. Er fordert den prominenten Naturforscher und Vermessungsingenieur Alfred Russell Wallace mit einer 500-Pfund-Wette heraus: Er, Hampden, könne beweisen, dass die Erde kein Globus, sondern eine Scheibe sei! Er will das Experiment am Bedford-Kanal wiederholen, wo Rowbotham die Flachheit der Erde schon einmal belegt hat. Seine Absicht ist es, Wallace zu demütigen. Berühmt geworden ist dieser mit seinen aus evolutionistischer Perspektive definierten «zoologischen Regionen». Wallace nimmt Hampden nicht ernst, will ihm aber die öffentliche Blamage ersparen. Daher schlägt er vor, die Wette im kleinen Rahmen beim langgezogenen Bala-See in Wales durchzuführen. Doch der hitzköpfige Hampden will davon nichts wissen.

Schliesslich willigt Wallace in die Wette ein. Am vereinbarten Tag finden sich viele Schaulustige am Kanal ein. Die meisten sind keine Zetetics und halten Hampden für einen Spinner. Vier Meter über dem Wasserspiegel wird ein Sichtposten eingerichtet, der beim Blick zur Welney-Brücke die Auswirkungen der sogenannten atmosphärischen Brechung verringern soll. Der eingesetzte Schiedsrichter, der Herausgeber der «Country Gentlemen's Paper», kommt zum Schluss, die Krümmung der Erde sei sehr wohl sichtbar, daher habe Wallace die Wette gewonnen. Hampden akzeptiert die Niederlage nicht. Er beschuldigt Wallace des Betrugs und verklagt ihn, doch ohne Erfolg, er wird sogar wegen Verleumdung und Morddrohung verurteilt und muss ins Gefängnis. Wallace dagegen wird von seinen Wissenschaftlerkollegen gerügt, dass er sich auf die Wette mit dem Scharlatan eingelassen habe, der wie sein Idol Rowbotham die wissenschaftlichen Fakten leugne.

Die Bedford-Wette ist für die Zetetics ein Debakel. Nicht nur die englische Presse mokiert sich über den Vorfall. Sogar das «Luzerner Tagblatt» berichtet 1870 darüber. Es vergleicht Hampden mit dem deutschen Antikopernikaner Knak, der behauptet, die Sonne drehe sich um die Erde: «Pastor Knak hat in England einen würdigen Nebenbuhler gefunden. Mr. John Hampden behauptet nämlich, die Erde sei nicht rund, sondern flach, und dass es ihm mit dieser Behauptung ernst sei, bewies er dadurch, dass er mit Mr. Wallace eine bezügliche Wette um fünfhundert Pfund abschloss. Die geographische Welt wird erstaunt sein zu hören, dass dem Schiedsrichter der Scharfsinn für das Verständnis der Theorie von der ‹Pfannenkuchenform› fehlte.»

Steht dieser Artikel am Anfang von Melchior Dönnis Beschäftigung mit der Scheibenerde, hat er dessen Interesse geweckt? 1902 wird Dönni in seiner ersten Broschüre schreiben, seit über dreissig Jahren forsche er zum Thema der flachen Erde. 1870, das Jahr, als das «Luzerner Tagblatt» über die Bedford-Wette berichtet, würde passen: Damals könnte der Senn seine Passion entdeckt haben.

Die Bewegung der Zetetics findet trotz der verlorenen Wette weitere Anhänger und Anhängerinnen, und zwar nicht nur in England, sondern auch in den Vereinigten Staaten. Dort verbreitet der in Greenwich geborene Drucker und Autor William Carpenter die Theorie der flachen Erde, wie die Historikerin Christine Garwood nachgewiesen hat. Er ist befreundet mit dem schwarzen Baptisten John Jasper, der predigend durch den südlichen Bundesstaat Virgina zieht. Als jüngstes von 24 Kindern in die Sklaverei geboren, hat er mithilfe eines ebenfalls versklavten Freunds und der Bibel lesen und schreiben gelernt. Nach seiner Freilassung bleibt er der Heiligen Schrift treu. Berühmt wird Jasper mit seiner Predigt «De Sun do Move and the Earth Am Square», die er 1878 erstmals vorträgt und die folgenden Jahre in den Vereinigten Staaten, aber auch in London und Paris nicht weniger als 250 Mal vor zuweilen Tausenden von Zuhörern hält. Übersetzt lautet der Titel der Predigt: «Die Sonne geht, die Erde steht.»

Woher hat Jasper den Titel, den auch Melchior Dönni benutzt? Hat der begnadete Rhetoriker ihn selbst geschmiedet? Im Gespräch mit Carpenter und beim Lesen von dessen Schriften muss er den Slogan erfunden haben.

In seiner Predigt zitiert der Baptist eine Bibelstelle nach der anderen, die alle belegen, dass die Sonne sich um die Erde drehe. Alles, was der Mensch wissen muss, steht in der Heiligen Schrift: Dass er sterben wird und dass in Gott Trost und Rettung liegen. «Geht die Hauptstrassen entlang und dann in die Querstrassen dieser Stadt, und was seht ihr? Einen Mann oder eine Frau, die um einen verlorenen Menschen trauern. Geht in die Alleen und Gassen, die in die Stadt führen, und was seht ihr? Einen Bauern mit Wagen, der seine Waren in die Stadt bringt, auch er ist ein Trauernder. ‹Wie, sterben Menschen auf dem Land?› Ja, der Tod ist allumfassend.»

Gross ist die Schwermut, die John Jaspers Predigt durchzieht. Der Himmel, den König Jesus verspricht, ändert daran nicht viel. Jaspers Schwermut erinnert an Melchior Dönnis Melancholie in seiner letzten Schrift.

In den Vereinigten Staaten schliessen sich der Zetetic Society weitere originelle Köpfe an. Einer davon ist Alex Gleason. 1890 erscheint sein Buch «Is the Bible from Heaven? Is the Earth a Globe? […]». Es enthält die bislang am detailliertesten ausgearbeitete Weltkarte, die «New Standard Map of the World», wie Gleason sie selbstbewusst nennt. Sie ist mit einem «Rechner für Längengrad und Zeit» versehen, einem in der Mitte der Karte, am Nordpol, befestigten drehbaren Kartonstreifen. Nicht nur die Kontinente, auch die Länder sind fast alle beschriftet, dazu kommt eine Unzahl an Inseln.

Gleason lässt seine Weltkarte in England, Kanada, Dänemark, Schweden, Deutschland und Österreich patentieren. Er setzt grosse Hoffnungen in sie: «Die grossen Vorteile für das Kind oder den Schüler sind diese: Man hat die ganze Welt vor sich, mit all ihren Kontinenten, Ländern usw., in allen Einzelheiten und relativen Lage zueinander; und so wird die Geographie der Erde und der Meere im Gedächtnis verankert. Die Karte sollte im Haus jeder Familie im Land sowie in jedem Büro oder an jedem öffentlichen Ort hängen. Der Verlag hat eine grosse Wandkarte für Schulräume und öffentliche Plätze vorbereitet. Er wird nicht nur die Vereinigten Staaten beliefern, sondern die ganze Welt, und bald wird es die

Globuskarte und die Mercator-Projektion nicht mehr geben, und wenn es sie noch geben sollte, wäre sie nur noch ein Mahnmal für den heidnischen Götzendienst, aus dem sich die Nationen entwickelt haben.»

Melchior Dönni lässt sein Relief, das den Globus ablösen soll, in Bern patentieren. Gleason könnte ihn inspiriert haben.

Unter Elizabeth Anne Mould Blount, kurz Lady Blount genannt, gewinnt die Zetetic Society um 1900 ihre grösste Popularität. Die tiefgläubige Christin ist überaus gebildet; schon als Mädchen hat sie im elterlichen Haushalt Privatunterricht genossen. Die Lady betätigt sich als Geografin und Mathematikerin, vehemente Tierschützerin und Präsidentin der «Gesellschaft zum Schutz der schwarzen Rassen», daneben tritt sie als Komponistin und Autorin hervor und ist Vegetarierin.

1892 tritt Lady Blount für die Zetetics erstmals in Aktion; da ist sie 42 Jahre alt und verwitwete Mutter von vier Kindern im Teenageralter. Ihr Mann war ein Adliger. Sie schickt der Zeitschrift der Siebenten-Tags-Adventisten mehrere Leserbriefe und veröffentlicht ein Flugblatt gleichen Inhalts, in welchem sie die «sphärische Häresie» anprangert. So nennt sie den Kopernikanismus.

Nachdem sie das Präsidium der Universal Zetetic Society übernommen hat, wie die Bewegung nun heisst, findet diese bald Mitglieder in der gesamten englischsprachigen Welt. Unermüdlich wirbt die bestens vernetzte Lady für die «Flatearthers». Die Zeitschrift «Earth Review» gewinnt Abonnenten und Abonnentinnen in Irland, den Vereinigten Staaten, Kanada, Südafrika, Indien, Australien und Neuseeland. Die Bewegung zieht religiöse und gebildete Konservative an, darunter viele Geistliche, Ingenieure und Mediziner. Die «Flatearthers» sind nun fast global. Lady Blount hat deren biblische Ausrichtung gestärkt. Die Bewegung hat sogar einen eigenen Song. Komponiert hat ihn die Lady:

«Wir zwingen nicht jeder britischen Schule einen Kartonglobus auf,
Wir quälen nicht Kinderhirne mit Theoriewirrwarr,
Noch lehren wir, dass die Falschheit herrsche, auch wenn sie in Perücke und Gewand gekleidet ist,
Noch machen wir die Jugend staunen und sagen ihr, die Erde sei ein Globus!
Vorwärts, vorwärts! Macht alle Kugeln in jeder britischen Schule platt,
Und foltert das Recht nicht, während die Unwahrheit regiert;
Lasst Wahrheit, nicht Lügen, in Englands schönem Reich herrschen,
Dann wird das Recht herrschen und die Wahrheit über die weite Ebene der Welt scheinen.»

Im Mai 1904, als Melchior Dönni seine letzte Schrift veröffentlicht, sucht Lady Blount den Bedford-Kanal auf. 34 Jahre sind vergangen seit der verlorenen Wette von John Hampden. Die Zetetics haben die Schmach nicht vergessen, die Lady will sie tilgen. Sie nimmt einen Fotografen mit, der die Flachheit der Erde ein für alle Mal objektiv festhalten soll. Begleitet von Wissenschaftlern begeben die beiden sich zur Welney-Brücke.

Von hier aus schiesst der Fotograf mit einem Teleobjektiv, das er einen halben Meter über dem Wasserspiegel montiert hat, ein Bild von einem grossen weissen Laken, das in zehn Kilometern Entfernung an der Stelle hängt, wo Rowbotham einst ins Wasser stieg. Wäre die Erde ein Globus, behauptet Lady Blount, würde man das Tuch nicht sehen. Sie veröffentlicht das Foto zuerst in ihrer Zeitschrift «The Earth. A Monthly Magazine of Sense & Science Upon a Scriptural Basis [...]», dann in vielen weiteren Publikationen. Das Bild ist überliefert. Gut erkennbar ist, dass am Tag der Aufnahme schlechtes Wetter herrschte. Zwei helle Punkte sollen das Laken und seine Spiegelung im Wasser zeigen.

Damals sorgt die Fotografie in der Öffentlichkeit für Furore und wird kontrovers diskutiert: Ist die Erde etwa doch eine Scheibe? Vielleicht hat Dönni es zu Gesicht bekommen. Geprägt hat es seine Theorie nicht mehr. Doch dass er die Schriften und Karten Rowbothams oder anderer Zetetics studiert hat, ist mehr als nur wahrscheinlich. Zahlreich sind die Übereinstimmungen. Mehr als nur eine Spur führt von Manea, wo Rowbotham sein Kanal-Experiment durchgeführt hat, nach Luzern.

Melchior Dönnis zweites Erdrelief, 1902. Im Nordpol, in der Mitte des Reliefs, steckt ein Nagel mit Schweizer Flagge (von oben kaum sichtbar).

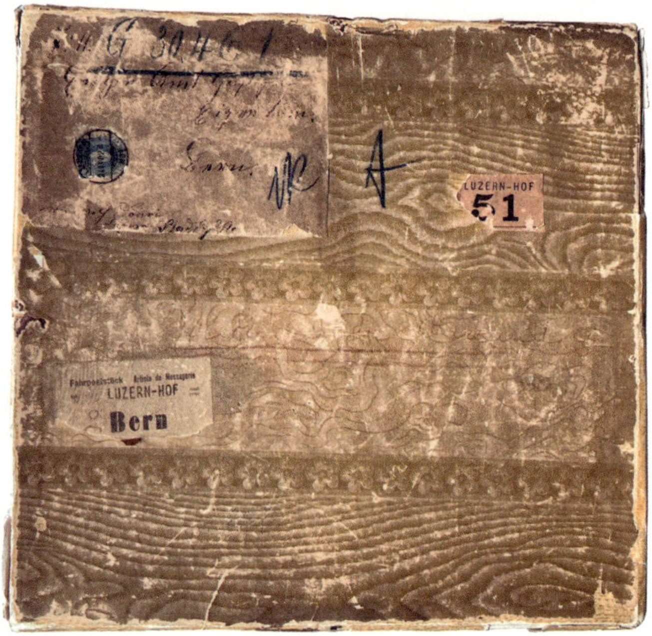

In dieser Schachtel (dreissig auf dreissig Zentimeter) schickt Melchior Dönni sein zweites Relief 1902 dem Eidgenössischen Patentamt in Bern. Auf der Innenseite des Deckels klebt eine erklärende Zeichnung.

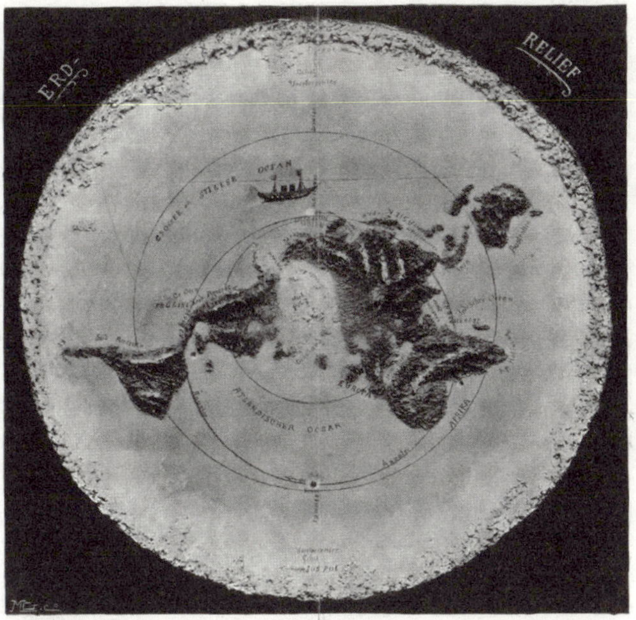

Oben: Melchior Dönnis dritte Broschüre (1903) erhält eine Reliefzeichnung. Er signiert sie kunstvoll (klein unten links).
Unten: Dönnis Weltzeituhr von 1904, ohne Zeiger.

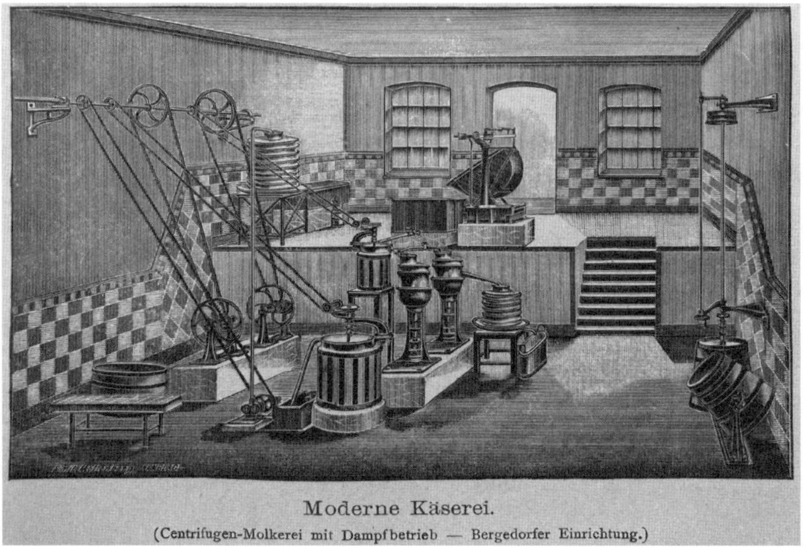

Dönni ist der erste Luzerner «Senn», der mit einer Milchzentrifuge arbeitet (Bild Ende 19. Jahrhundert).

Um 1900 transportieren Zughunde in Luzern und anderen Städten mit Milch, Butter und Käse beladene Wagen zu den Kundinnen und Kunden. Melchior Dönnis Schwiegersohn besitzt solche Tiere, vielleicht auch er selbst.

Um 1880 führt Melchior Dönni den «Nidlepalast». Damit beginnt sein beruflicher Aufstieg.

Der Löwenplatz mit Meyers Diorama, um 1900. Dönni wohnt ganz in der Nähe.

Der Gletschergarten um 1875. Hier findet Melchior Dönni Anregungen für seine Theorie.

Der Reliefraum im Gletschergarten, um 1900. Das Grossrelief der Urschweiz von Franz Ludwig Pfyffer könnte Dönni inspiriert haben.

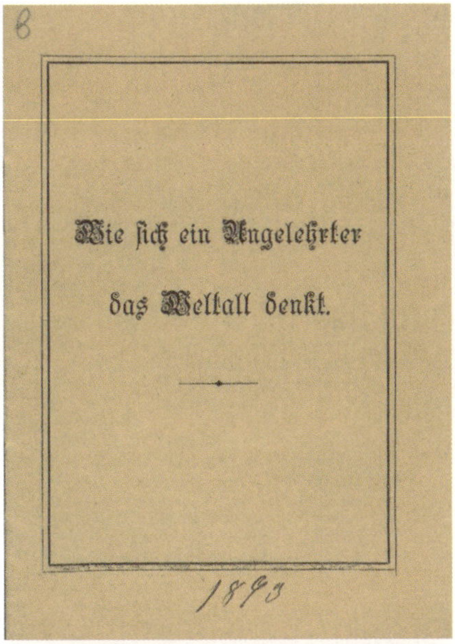

Melchior Dönnis vier Schriften, die er um 1900 publiziert.

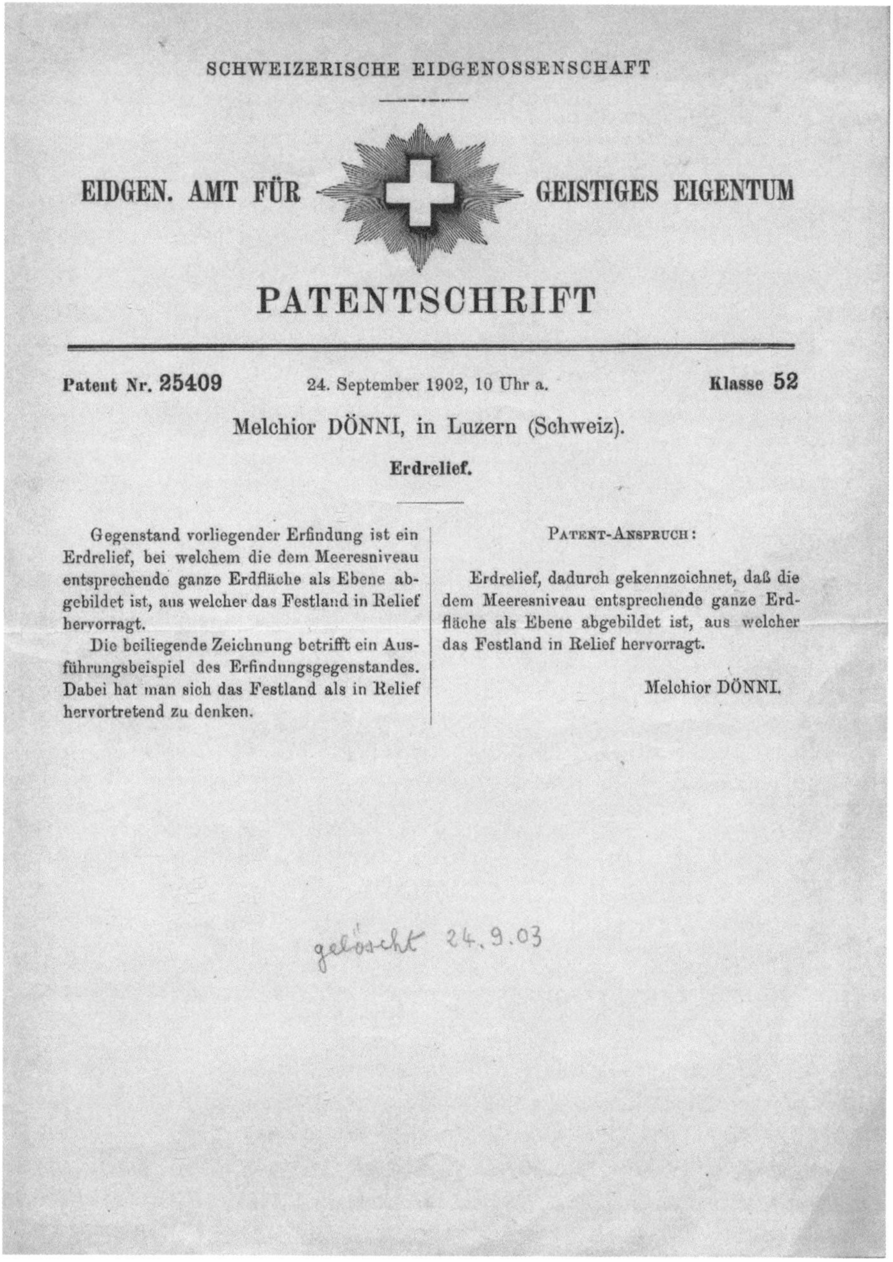

SCHWEIZERISCHE EIDGENOSSENSCHAFT

EIDGEN. AMT FÜR GEISTIGES EIGENTUM

PATENTSCHRIFT

Patent Nr. 25409 24. September 1902, 10 Uhr a. **Klasse 52**

Melchior DÖNNI, in Luzern (Schweiz).

Erdrelief.

Gegenstand vorliegender Erfindung ist ein Erdrelief, bei welchem die dem Meeresniveau entsprechende ganze Erdfläche als Ebene abgebildet ist, aus welcher das Festland in Relief hervorragt.

Die beiliegende Zeichnung betrifft ein Ausführungsbeispiel des Erfindungsgegenstandes. Dabei hat man sich das Festland als in Relief hervortretend zu denken.

PATENT-ANSPRUCH:

Erdrelief, dadurch gekennzeichnet, daß die dem Meeresniveau entsprechende ganze Erdfläche als Ebene abgebildet ist, aus welcher das Festland in Relief hervorragt.

Melchior DÖNNI.

gelöscht 24.9.03

«Gegenstand vorliegender Erfindung»: Melchior Dönnis Patent für sein zweites Erdrelief, 1902.

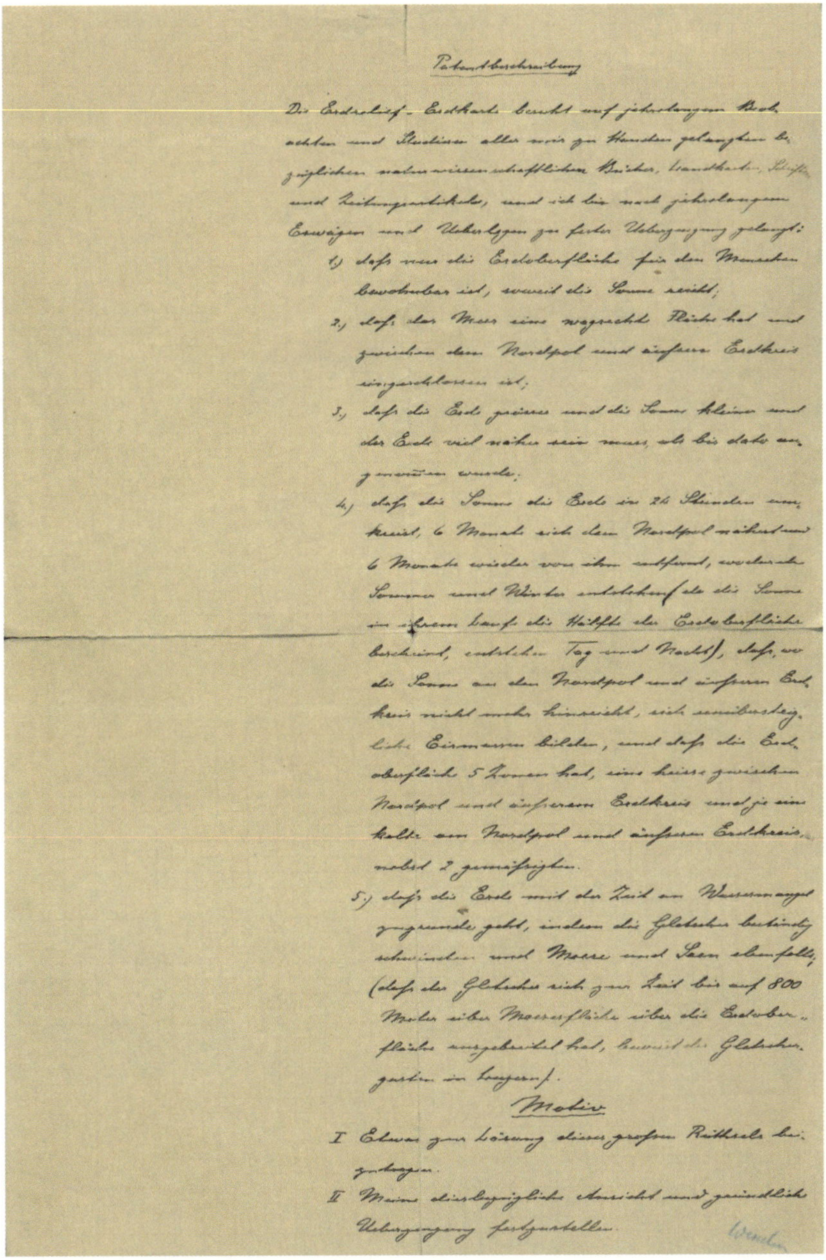

Patentbeschreibung

Die Erdrelief-Erdkarte beruht auf jahrelangem Beobachten und Studieren aller mir zu Handen gelangten bezüglichen naturwissenschaftlichen Bücher, Landkarten, Schriften und Zeitungsartikeln, und ich bin nach jahrelangem Erwägen und Ueberlegen zur festen Ueberzeugung gelangt:

1.) daß nur die Erdoberfläche für den Menschen bewohnbar ist, soweit die Sonne reicht;

2.) daß das Meer eine wagrechte Fläche hat und zwischen dem Nordpol und äußeren Erdkreis eingeschlossen ist;

3.) daß die Erde grösser und die Sonne kleiner und der Erde viel näher sein muss, als bis dato angenommen wurde;

4.) daß die Sonne die Erde in 24 Stunden umkreist, 6 Monate sich dem Nordpol nähert und 6 Monate wieder von ihm entfernt, wodurch Sommer und Winter entstehen (da die Sonne in ihrem Lauf die Hälfte der Erdoberfläche bescheint, entstehen Tag und Nacht), daß, wo die Sonne an den Nordpol und äußeren Erdkreis nicht mehr hinreicht, sich unübersteigliche Eismassen bilden, und daß die Erdoberfläche 5 Zonen hat, eine heisse zwischen Nordpol und äußerem Erdkreis und je eine kalte am Nordpol und äußeren Erdkreis, nebst 2 gemäßigten.

5.) daß die Erde mit der Zeit an Wassermangel zugrunde geht, indem die Gletscher beständig schwinden und Meere und Seen ebenfalls, (daß der Gletscher sich zur Zeit bis auf 800 Meter über Meeresfläche über die Erdoberfläche ausgebreitet hat, beweist der Gletschergarten in Luzern).

Motiv

I Etwas zur Lösung dieses großen Räthsels beizutragen.

II Meine diesbezügliche Ansicht und gründliche Ueberzeugung festzustellen.

«Beruht auf jahrzehntelangem Beobachten und Studieren»: Melchior Dönnis handschriftliche Patentbeschreibung, 1902.

Melchior Dönnis Haus an der Löwenstrasse 9, undatiertes Foto.

Familie Melchior und Maria Dönni-Schriber, um 1900. Drei Kinder fehlen auf dem Foto, darunter der erstgeborene Sohn Melchior.

Zur Feier der silbernen Hochzeit reisen Melchior und Maria Dönni-Schriber 1905 nach Baden, wo sie sich ablichten lassen.

Oben: Melchior Dönni, um 1900, und Maria Dönni-Schriber, undatiertes Bild.
Unten: Von seiner zweiten Hochzeitsreise 1880 bringt Dönni ein Gemälde aus Neapel mit. Der Vesuv ist aktiv, für Dönni bald schon ein akutes Thema.

Ausflüge in die Astronomie

Aus welchen Quellen Melchior Dönni für seine Theorie geschöpft hat, ist nicht einfach zu bestimmen. Wahrscheinlich ist er, wie und wo auch immer, auf eine der antikopernikanischen Schriften gestossen, die ab 1870 in Deutschland und vielleicht auch in der Schweiz kursierten. Freilich sind sie in keiner einzigen schweizerischen Bibliothek nachgewiesen. Und wahrscheinlich hat Dönni die Texte und Aussagen eines englischen Flacherdlers rezipiert, auch wenn sich die Publikationen Rowbothams und seiner Nachfolger ebenfalls in keiner schweizerischen Bibliothek finden.

In Betracht zu ziehen ist eine dritte Quelle, die Dönni inspiriert haben könnte: Weltanschauliche Diskussionen und populärwissenschaftliche Kontroversen. Luzern besitzt zwar um 1900 keine Universität, deren Naturwissenschaftler sich mit den Lehren der Antikopernikaner und «Flatearther» herumschlagen könnten, aber die Stadt beherbergt ein Jesuitenkollegium. Theologen und Pfarrer sind interessiert an astronomischen Fragen, wie die Dispute um den Antikopernikaner Knak zeigen. Dazu kommen zahlreiche Vereine und Zeitungen, die kontroverse Themen noch so gerne aufgreifen und befeuern.

1902, als Dönni seine zweite Broschüre «Wie man sich das Weltall denken kann» veröffentlicht, liefern sich das katholische «Vaterland» und das liberale «Luzerner Tagblatt» einen sich über Wochen hinziehenden Schlagabtausch um den Vatikan im Allgemeinen und Galileo Galilei im Besonderen. Der italienische Physiker und Ingenieur kam zu Beginn des 17. Jahrhunderts aufgrund seiner Experimente zum Schluss, das geozentrische Weltbild könne nicht stimmen, und schloss sich darum der Lehre des Astronomen Nikolaus Kopernikus an, worauf er vom Papst verurteilt wurde.

Mit Verweis auf Galilei behauptet das «Tagblatt», die Kirche versuche, «die profane Wissenschaft zu bevormunden». Im gleichen Atemzug greift sie das Dogma der päpstlichen Unfehlbarkeit an. Dies lässt das «Vaterland» nicht auf sich sitzen: Die Naturwissenschaft sei sehr wohl kompatibel mit dem christlichen Glauben. Bis in das 15. Jahrhundert, führt die Zeitung aus, habe die Astronomie auf dem «ptolemäischen Weltsystem» beruht: «Man war fest überzeugt, dass die Erde im Weltraum unbeweglich feststehe und das Zentrum der Welt, die Sonne aber sich um die Erde bewege.» Und woher rührte die Überzeugung? «Weil der Augenschein, die tägliche Beobachtung des Sonnenlaufes für die Lehre vom Stillstehen der Erde sprach und weil das Fernrohr zur Beobachtung der Himmelserscheinungen noch nicht erfunden war.»

Der Umschwung bahnte sich laut «Vaterland» mit dem Kardinal und Mathematiker Nikolaus von Kues und mit Kopernikus an: Nachdem beide erkannt hätten, dass die Erde sich um die Sonne bewege, hätten sich ihnen Kepler, Galilei und Newton angeschlossen. Die katholische Kirche, behauptet das «Vaterland», habe die neue Lehre akzeptiert, hingegen sei diese von den Reformatoren Luther und Melanchthon bekämpft worden. Galilei habe den Bogen überspannt: Er habe sich nicht nur auf naturwissenschaftlichem, sondern auch auf theologischem Gebiet geäussert und die Heilige Schrift zurückgewiesen, die für das System des Ptolemäus zu sprechen schien.

Das «Vaterland» kommt zum Schluss, die kirchlichen Richter, die Galilei verurteilten, seien das Opfer eines Irrtums geworden, der nicht nur in den katholischen Ländern, sondern auch an den protestantischen Universitäten Wittenberg und Tübingen vorgeherrscht habe. Das Urteil gegen Galilei sei keine päpstliche Lehrentscheidung gewesen: «Es beweist nichts gegen die päpstliche Unfehlbarkeit. Wer jetzt nach den gewaltigen Fortschritten der Naturwissenschaften die kirchlichen Amtsträger des 17. Jahrhunderts wegen ihrer Stellungnahme zum kopernikanischen System verhöhnt, der handelt gerade so geistreich wie derjenige, der den Julius Caesar verspotten würde, weil er in der Schlacht bei Pharsalus keine Vetterligewehre und Kruppkanonen verwendet hat.»

Melchior Dönni muss die ausufernde Debatte mitbekommen haben, nur schon als Inserent und Leser des «Luzerner Tagblatts». Einmal mehr wird er realisiert haben, dass er für seine Sache keine Verbündeten hat. Dass die Erde flach sei, glaubt niemand, selbst die im Kanton Luzern dominanten konservativen Katholiken, die im Mittelalter und noch bis zum 18. Jahrhundert Ptolemäus folgten, haben die Überzeugung aufgegeben, wonach die Erde das Zentrum des Weltalls sei. Das «Vaterland» macht sich sogar lustig über den Geozentrismus.

Die publizistische Debatte ist Teil des Kulturkampfs, der seit der zweiten Hälfte des 19. Jahrhunderts nicht nur Luzern, sondern die ganze Schweiz prägt. Reformierte Liberale und konservative Katholiken ringen um das Verhältnis von Kirche und Staat. Während der Klerus die Deutungshoheit behalten will, die er seit Jahrhunderten innehat, besonders im Schulwesen, wollen liberale und linke Kreise sich von der Gängelei durch die Kirche befreien. «Säkularisierung» heisst ihr Ziel.

In der Innerschweiz haben die Konservativen die Oberhand. Sie sehen sich als Hüter der katholischen Identität und Sachwalter des «katholischen Luzerner Volks», sie stehen für das Einfache und Vertraute ein – im Gegensatz, wie sie sagen, zu den elitären Aufklärern. Im Kanton Luzern besitzen die Konservativen die Regierungsmehrheit. Die Behörden vertreten die Interessen der Kirche. Wer diese kritisiert, gerät in die Defensive. Die Stadt Luzern dagegen ist von den Liberalen dominiert. Während Jahrzehnten stellen sie die Regierung.

Der Streit zwischen konservativen und liberalen Katholiken wird vom «Vaterland» und dem «Luzerner Tagblatt» ausgetragen. Ersteres ist das Organ der Katholisch-Konservativen, die auch «Ultramontane» genannt werden – die «jenseits der Berge Wohnenden», und zwar in Rom im Vatikan. 1871 in Luzern vom bischöflichen Kanzler gegründet, strebt das «Konservative Zentralorgan für die deutsche Schweiz» eine überregionale Wirkung an. Es ist zugleich das Sprachrohr der Kantonsregierung. Das 1852 gegründete «Luzerner Tagblatt» dagegen spricht für die katholischen Liberalen. Das «Freisinnige Organ» ist das Oppositionsblatt, das die Konservativen und die Dogmen der Kirche angreift und die Fahne des Säkularismus hochhält. «Vaterland» und «Tagblatt» streiten nicht nur über Galilei, sie liefern sich einen weltanschaulichen Schlagabtausch nach dem anderen.

Melchior Dönni bekommt diese Fehden mit, aber sie scheinen ihn nicht gross zu interessieren. In keiner seiner Broschüren nimmt er explizit Bezug auf einen kulturkämpferischen Disput unter den Zeitgenossen. Vom Parteiengeplänkel hält er sich fern.

Weltanschaulich ist Dönni allein auf weiter Flur. Weder hat er Gesinnungsgenossen noch Feinde. Er ist in keine einzige Diskussion über astronomische Fragen involviert. Das ist umso merkwürdiger, als die Naturwissenschaften in aller Munde sind. Am Ende des 19. Jahrhunderts ist die populäre Wissenschaftsbegeisterung gross, wie der Wissenschaftssoziologe Peter Weingart schreibt. Einerseits spezialisieren sich die Naturwissenschaften an den Universitäten und in Fachjournalen, die sich an die «scientific community» richten. Andererseits entsteht die Wissenschaftspopularisierung der Astronomie, Biologie, Zoologie, Botanik und Geologie. Naturwissenschaftler, Schriftsteller und Journalisten wenden sich an das gebildete Bürgertum, das sich in Lesegesellschaften und Vereinen organisiert.

Bürgerinnen und Bürger besuchen Sternwarten, botanische Gärten und Museen, man liest Zeitschriften und Magazine. Wissenschaftliches Wissen gilt als nützlich, unterhaltsam und spannend. In Vereinen etabliert sich der populärwissenschaftliche Vortrag, der grossen Anklang findet. 1901 tritt in Luzern die Freie Vereinigung Gleichgesinnter auf den Plan. Den Vorstand bilden progressive Liberale. Die lose mit der Luzerner Freimaurerloge Fiat Lux verbundene Vereinigung organisiert öffentliche Vorträge zu weltanschaulichen und wissenschaftlichen Themen. Prominente Literaten, Künstler und Wissenschafter treten im Musegg-Schulhaus vor Hunderten von Zuhörerinnen und Zuhören auf.

August Kahl aus Jena etwa, ein Schüler des berühmten Darwinisten Ernst Haeckel, referiert über «Die Grösse des Weltalls», der Freidenker und Anarchist Bruno Wille zum «Sinn des Lebens», Professor Keller vom Polytechnikum Zürich, der heutigen ETH, zum «Ursprung des Menschen». Durch Kellers Darlegung des Darwinismus fühlt sich das «Vaterland» provoziert: «Die Welt- und Lebensauffassung, wie sie im letzten Museggvortrage zutage trat, bedeutet einen traurigen Rückschritt auf ein vorsintflutliches Kulturniveau der Menschheit. Sie ist die Proklamation des Tiermenschentums und des Atheismus. Beide sind im höchsten Grade kulturfeindlich und müssen bekämpft werden.»

Höhepunkt der Vortragsreihe ist der Auftritt des Juristen und ehemaligen Jesuitenpaters Paul Graf von Hoensbroech. Im Garten des Löwendenkmals spricht er vor über tausend Personen zu «Ultramontanismus als kulturgeschichtliche Erscheinung». Die Attacke des Grafen auf den konservativen Katholizismus schlägt im Kanton Luzern hohe Wellen; wochenlang befehden sich liberale und konservative Medien, sogar in Zürich, in der Ostschweiz und in Deutschland wird über den Auftritt berichtet.

Auch die bildungsbürgerliche Donnerstags-Gesellschaft mag kontroverse Diskussionen. Sie ist älter und weniger radikal als die Freie Vereinigung. Zu ihren rund hundert Mitgliedern, die sich im Hotel Monopol oder im Restaurant Flora treffen, zählen Offiziere, Ärzte, Buchhändler und Lehrer, Architekten und Regierungsräte. Man lauscht den Worten des in Luzern lebenden Dichters Carl Spitteler und debattiert einmal mehr über Charles Darwins Evolutionstheorie. Der Botaniker Hans Bachmann referiert im Hotel Schweizerhof vor über 400 Personen über «Sommervisiten in Grönland mit Projektionen». In seinem «Vortrag über seine Nordlandreise entwickelt er ein deutliches Kulturbild jenes entlegenen einsamen Weltteils», wie das Vereinsprotokoll resümiert.

Wenn Melchior Dönni im Schweizerhof anwesend gewesen wäre, hätte er sich zu Wort gemeldet und den Referenten darüber aufgeklärt, dass Grönland nahe am Mittelpunkt der flachen Erde liege? Und wenn er selbst mit Bachmann nach Grönland gereist wäre, was hätte er erlebt so nahe am Zentrum der Welt?

Bachmann ist ein Beispiel dafür, wie weit einer es wissenschaftlich bringen kann in einer Stadt ohne Universität. Mit nur 26 Jahren wird er Professor für Naturkunde an der Kantonsschule, der ehemaligen Höheren Lehranstalt. Seine Forschungstätigkeit bringt ihm nationale Bekanntheit ein, schreibt der Historiker Tobias Scheidegger. Bachmann hat eine Mission: Er will der Naturwissenschaft ein grösseres Publikum verschaffen. Das gelingt ihm. Seine Plattformen sind die Naturforschende Gesellschaft und das Naturmuseum am Franziskanerplatz. Beide Institutionen leitet er. Geschickt spannt er seine Lehrerkollegen und einen Teil der Ärzteschaft für seine Arbeiten ein. Er gründet das Vereinsblatt «Mitteilungen der Naturforschenden Gesellschaft zu Luzern», in welchem die Naturkundelehrer ihre gelehrten Aufsätze veröffentlichen.

1902 trifft sich in Kriens der Fortschrittsverein, um Dr. Oskar Kottmann über «Forschungen aus der Sternenwelt» vortragen zu hören. Er verstehe es «in anziehender Weise, die Unendlichkeit unseres Weltalls mit seinen verschiedenen Sonnensystemen und mit seinen wunderbaren Einrichtungen zu veranschaulichen und zu erklären», berichtet das «Luzerner Tagblatt». «Wie unendlich grossartig erschienen uns die benachbarten Himmelskörper, und wie bescheiden und klein machte sich unsere Mutter Erde!»

Die Ehrfurcht vor den Gelehrten und ihresgleichen ist im Publikum gross: «Als Zauberer mit göttlicher Gewalt», schreibt die Zeitung weiter, «erscheinen uns jene Männer der Wissenschaft, die mit unermüdlicher Arbeit des Geistes und des Körpers jene Wunderdinge erforschen und heute Tatsachen festzustellen imstande sind, von denen man erst noch keine Ahnung hatte und über welche auch heute noch vielfach verkehrte Ansichten und irrige Meinungen existieren.» Im gleichen Jahr 1902 berichtet das «Tagblatt» über die Entdeckung des hellen Sterns «Nova Perseus», die «alle Denkerköpfe und Sternwarten» lebhaft beschäftige.

Was Melchior Dönni umtreibt, beschäftigt auch seine naturwissenschaftlich interessierten Zeitgenossen. Nur zieht er völlig andere Schlüsse. Er belässt es nicht bei Staunen und Ehrfurcht, er nimmt nicht dankbar auf, was ihm verkündet wird. Er macht sich zum Autor, entwirft und propagiert seine eigene Theorie, sucht mit seinen Broschüren und den Reliefs sein Publikum.

Darüber hinaus aber hält er sich zurück. Er hört sich kaum je einen der naturkundlichen Vorträge zu Weltall, Geologie und Evolutionstheorie an, die in Luzern gehalten werden. In keinem der Vereine ist seine Mitgliedschaft nachweisbar. Doch da Dönni weder zum bildungsbürgerlichen noch zum radikalliberalen Milieu gehört, wäre er ohnehin Aussenseiter. Er ist ein wohlhabender Molkereibesitzer, doch kulturell ist er abgeschnitten von den intellektuellen Zirkeln seiner Stadt. Ob er das bedauert oder nicht, muss offenbleiben.

Luzern bietet Melchior Dönni mannigfache Anregungen für seine wissenschaftlichen Interessen. Die Astronomie ist Thema in den Vereinen und Zeitungen, aber er greift keine handfesten Diskussionen auf. Er scheint sich nicht eingemischt zu haben, ausser mit seinen Broschüren, die keine Resonanz finden. Am Rand der weltanschaulich-intellektuellen Landschaft Luzerns tauchen sogar Antikopernikaner auf – und Flacherdler. Dönni nennt sie nicht.

Just im Jahr 1904, als Dönni seine letzte Schrift publiziert und Lady Blount am Bedford-Kanal ihr Beweisbild macht, erscheint der schwarze Baptist John Jasper, der 1878 mit seiner Predigt «De Sun do Move and the Earth Am Square» berühmt wurde, in den Spalten des «Luzerner Tagblatts». Die Zeitung hat für ihn bloss Spott und Hohn übrig, der Artikel ist stark antiklerikal gefärbt: «Kürzlich wurde in Richmond, der Hauptstadt Virginias, ein Denkmal des verstorbenen farbigen Pastors Jasper enthüllt. Ist die Tatsache in dem negerhassenden Süden überhaupt schon an und für sich ein Rätsel, so ist der Grund dieser Ehrung noch absonderlicher. Nämlich dieser Negerpastor erregte vor einigen Jahrzehnten in weiten Kreisen grosses Aufsehen durch seine fanatisch wiederholte Behauptung, dass sich die Sonne um die Erde bewege. Diese Weisheit begeisterte nicht bloss die Schwarzen, sondern auch die Weissen derart, dass sie ihr Rassen-Vorurteil hintansetzten und dem Verkündiger dieser Lehre, damit aber auch ihrer eigenen Torheit ein Denkmal setzten.»

Was für Dönni besonders ärgerlich oder schmerzhaft gewesen sein dürfte: Jasper war ja keineswegs nur Antikopernikaner, sondern wie er ein veritabler Flacherdler. Er und Jasper teilten den gleichen Glauben. Letzterer wird in Luzern wahrgenommen, er jedoch, Dönni, bleibt einmal mehr aussen vor.

Vater versus Sohn

1904 ereilt Melchior Dönni weiteres Ungemach. Nicht nur muss er sich damit abfinden, dass er in Luzern totgeschwiegen wird, während der schwarze Prediger John Jasper aus den Vereinigten Staaten in den Zeitungen erwähnt wird. Nun nimmt das familiäre Drama seinen Lauf, das die restlichen zwölf Jahre seines Lebens überschatten wird. Es ist, als würde die Scheibenerde, die Dönni auf Trab gehalten hat, abgelöst durch die konflikthafte Beziehung zum Erstgeborenen, die den Vater schwer mitnimmt und den Sohn wohl auch.

Vielleicht schon in diesem Jahr verstaut Dönni seine Materialien, die Zeitungsartikel, Aufsätze und Bücher, die er für seine astronomischen und kosmologischen Studien benutzt hat, in einer hölzernen Truhe. Er hievt sie auf den Estrich, wo sie bis zu seinem Tod bleibt.

1904 übergibt der 62-jährige Käser seine florierende Molkerei seinem Sohn Melchior, der von Beruf ebenfalls Käser ist. Dönni senior, der sich schon länger Privatier nennt, will sich aus dem Geschäft zurückziehen, einmal mehr. Der erste Versuch vor fünfzehn Jahren misslang, als er seinen Betrieb J. Hürlimann verpachtete. Nach kurzer Zeit gab dieser auf, Dönni übernahm wieder das Steuerruder. Auch der zweite Versuch vor vier Jahren scheiterte.

Nun soll der 23 Jahre alte Sohn in die Fussstapfen des Vaters treten.

Die Zeit ist reif für den Generationenwechsel, der Sohn gerüstet für die Aufgabe: Als Käser hat er bereits in der Westschweiz, in Italien und im zürcherischen Uster Erfahrungen gesammelt. Melchior Dönni senior setzt eigenhändig ein Dokument auf, das er mit «Mietvertrag» betitelt. Das Papier soll Wohnsituation und Geschäftsübergabe regeln. Es programmiert indes deren neuerliches Scheitern. Es zeugt durchgängig nicht nur vom Misstrauen, das der Vater gegenüber seinem Sohn hegt, sondern auch von seinem Kontrollwillen. Er vermietet seinen Betrieb, zieht sich aber nicht daraus zurück. Der Sohn soll so wirtschaften, wie sein Vater es sich wünscht. Der Sohn wird zum Pächter, der vom Vater überwacht wird.

Der Vertrag spricht von «Mieter» und «Vermieter», als wären nicht Vater und Sohn, sondern zwei Geschäftsleute involviert. Im ersten Stock der Stadthofstrasse 9, bestimmt der Vertrag, bezieht Dönni junior eine Vierzimmerwohnung mit einem zusätzlichen Zimmer im vierten Stock, vielleicht für eine Dienstmagd. Penibel listet der Vertrag alle Gerätschaften auf, von «Ladentisch» und «Glaskasten» über «Käsebehälter» und «Kaffeebehälter» bis zu «Käsegestell» und «Gasmotor», die der Mieter «reinlich instandzuhalten» hat. Paragraf vier des Vertrags hält fest: «Der Mieter verpflichtet sich, das Geschäft wenn möglich auf gleicher Höhe wie angetreten weiterzuführen und es bei allfälliger Auflösung des Mietvertrags dem Vermieter wieder an die Hand zu geben, wie er es angetreten hat, das Sennereigeschäft darf vom Mieter weder verkauft noch in Untermiete gegeben werden.» Ferner gibt der Vertrag vor, es sei die Pflicht des Mieters, «das Geschäft gut und gewissenhaft zu betreiben, unnötige Ausgaben zu vermeiden und namentlich vor Bürgschaften und Streitigkeiten sich zu hüten, sich allfällig gemachten Anordnungen des Vermieters zu fügen und demselben jederzeit Einsicht in die Geschäftsbücher zu erstatten».

Aus welchen Gründen auch immer ist der Vater davon überzeugt, dass der Sohn unfähig ist, sein Lebenswerk weiterzuführen. Der Vertrag setzt sogar fest, wie oft der Sohn das Geschäft zu reinigen hat, als ob ein Käser nicht wüsste, dass Hygiene in seinem Beruf das oberste Gebot ist. Auch der Sohn geht ungeschickt vor. Spätestens beim Durchlesen des von seinem Vater aufgesetzten Vertrags müsste ihm dämmern, dass der Konflikt unausweichlich ist. Er kann nicht in seine neue Rolle hineinwachsen, wenn der Vater ihm misstraut und nicht loslassen kann.

1905, ein Jahr später, feiert Dönni senior mit seiner Frau die silberne Hochzeit. Das Paar gönnt sich einen Ausflug. Die Reise geht nicht mehr nach Neapel wie noch vor 25 Jahren, aber immerhin in den Aargauer Kurort Baden. Für einmal wird nicht gearbeitet, sondern das Leben genossen mit Wasserfreuden, vielleicht auch mit Konzertabend und feinem Essen.

Im Atelier der Fotografen Franziska Frieda Zipser & Wilhelm Schmidt, die sogar internationale Preise gewonnen haben, lässt das Paar sich ablichten. Es macht einen lebhaften Eindruck. Je ein Lächeln andeutend, stehen die beiden nebeneinander. Der dünne Melchior Dönni, der etwas grösser ist als seine Frau, hat seinen Arm bei ihr untergehakt, nicht sie bei ihm, wie man erwarten könnte. Die Kulisse des Fotostudios imitiert eine ländliche Gegend mit Weg oder Fluss. Beide tragen Hüte: Maria einen schwarzen vornehmen, Melchior einen hellen Panamahut. Seine Erscheinung hat einen verwegenen, dandyhaften Zug. Das linke Bein ist vorgestellt, der Schirm unter den Arm geklemmt wie ein lässiges Accessoire.

Kaum zu glauben, dass dieser Mann ein Senn ist! Eher sieht er aus wie ein Künstler, ein Intellektueller oder Freigeist, dem die robuste Dame an seiner Seite den nötigen psychischen, vielleicht auch ökonomischen Halt gibt, auch wenn er solides Schuhwerk trägt. Die beiden scheinen sich gern zu haben.

Kurz darauf feiert Dönni senior sogar noch einen kleinen Triumph. An der Weltausstellung in Mailand, die 1906 stattfindet, gewinnt er eine Bronzemedaille, aber nicht in der Abteilung Milchprodukte oder Vieh, sondern in der Sektion See- und Flusstransportwesen. Dönnis letzter öffentlicher Auftritt ist sein geheimnisvollster. Das «Schweizerische Handelsamtsblatt» erwähnt den Preisträger, auch im offiziellen «Verzeichnis der Auszeichnungen, welche Schweizerischen Ausstellern und ihren Mitarbeitern zuerkannt wurden» ist er aufgeführt.

Die Veranstaltung in Mailand ist gigantisch: Fünfzig Länder und fast 30 000 Aussteller machen mit, knapp zehn Millionen Besucherinnen und Besucher strömen auf das Messegelände «Simplonpark». Anlass der Expo ist die Eröffnung des zwanzig Kilometer langen Simplontunnels, der letztlich Mailand mit Paris verbindet.

Die Expo gliedert sich thematisch in nicht weniger als 33 Gruppen: vom «Landtransportwesen» über Telegrafie und Uhrmacherei bis zu Bierherstellung und Musikinstrumenten. Die Aussteller werden von internationalen Jurys prämiert. Allein die Vertreter der Schweiz und ihre Mitarbeiter erhalten fast tausend Medaillen. Der Zürcher Ingenieur Edwin Brunner-Vogt, Kantonsrat und Verwaltungsratsmitglied der Schaffhauser Stahlfirma Georg Fischer AG, vertritt die Schweiz in der siebzehnköpfigen Jury der Sektion See- und Flusstransportwesen, in welcher Dönni ausgezeichnet wird. Brunner-Vogt nennt einige der Schweizer Gewinner, etwa die Genfer Firma J. Delacroixriche & Co. mit ihren «Hanf- und Metall-Kabeln und Tauen» oder die Gebrüder Sulzer in Winterthur mit dem «umsteuerbaren Dieselmotor».

Den Luzerner Käser erwähnt Brunner-Vogt nicht. Nirgends ist eine Spur überliefert zu Dönnis Mailänder Preis, weder im «Luzerner Tagblatt» noch in den umfangreichen Unterlagen zur Expo, die im Schweizerischen Bundesarchiv ruhen. So muss im Dunklen bleiben, was Dönni kreiert hat und mit welchen Plänen oder welcher Maschine oder gar Erfindung er die Schweiz an der Weltausstellung repräsentieren durfte.

Offenbar hat er sich nicht nur mit der Herstellung von Butter und Käse und mit dem Nachweis der Flachheit der Erde beschäftigt, sondern auch mit Transportsystemen zu Wasser. Das Element Wasser spielt in seiner Scheibentheorie eine wichtige Rolle, weil es die Flachheit der Erde beweist. Stets fliesst es dem tiefsten Punkt zu, bis an den eisigen Rand der Welt. Auf einer Kugel würde dieses Gesetz nicht funktionieren. Dönni aber scheint auch praktisch und nutzenorientiert über das Wasser nachgedacht zu haben.

Während Dönni senior sich mit dem Wasserweg beschäftigt, schaltet der Junior wie sein Vater im «Luzerner Tagblatt» Inserate für seine «gute, reine, eingesottene Butter». Und er heiratet. Seine Frau ist Franziska Stadelmann, eine Schwester des Jakob Stadelmann, jenes Mannes also, den seine aus der ersten Ehe des Vaters stammende Halbschwester Lina geehelicht hat. Diese führt mit ihrem Mann Jakob ebenfalls eine Sennerei, die «laibweise weiche, magere und halbfette Käse» und Kaffee verkauft. Auch das Paar, das sieben Kinder hat, inseriert im «Luzerner Tagblatt». Es wohnt erst an der Zürichstrasse, die durch den Wey führt, ganz in der Nähe von Dönni senior, dann an der Eisengasse in der Altstadt.

Wie paradox: Es ist Tochter Lina Stadelmann-Dönni, Melchior Dönnis erstes Kind, welche die Käsereitradition der Dönni-Dynastie weiterführt, nicht Melchior Dönni junior, der erstgeborene Sohn. Denn 1907 kommt es zum Knall. Entweder Vater oder Sohn Dönni kündigen den Vertrag. Was den Ausschlag zur Auflösung gegeben hat, ist unbekannt.

Nach dem Scheitern der Geschäftsübernahme wohnt Dönni junior mit seiner Frau vorerst weiter in der väterlichen Wohnung an der Stadthofstrasse. Beruflich versucht er sich nun als «Milchfecker». Die Luzerner Käsereien und Milchgenossenschaften sind verpflichtet, einen Kontrolleur einzustellen, der die Qualität der Milch und die Sauberkeit der Kuhställe überprüft. Im «Luzerner Tagblatt» verkündet Dönni junior per Inserat, er besorge «Milchuntersuchung und Stall-Inspektion prompt und zuverlässig». Er hat nicht das Berufsfeld, aber die Seite gewechselt: Er produziert keinen Käse mehr, sondern überwacht die Produzenten, die Sennen. Aus dem Handwerker, der die Erfolgsgeschichte seines Vaters als Molkereiunternehmer hätte weiterführen sollen, ist ein Inspektor geworden, ein Beamter. Es ist nicht anzunehmen, dass Dönni senior, der Unternehmer und Freigeist, darüber sonderlich begeistert ist.

Freilich betätigt sich Dönni junior auch als Erfinder, wie sein Vater. Er konstruiert zwei Apparate, die er 1909 und 1910 beim Eidgenössischen Amt für Geistiges Eigentum in Bern patentieren lässt. Zuerst baut er eine Milchkühlanlage, welche mühselige Handarbeit überflüssig macht, dann eine Maschine zum Pressen und Teilen von Butter.

1910 zügelt Familie Dönni-Stadelmann mit ihren drei Kindern in ein Haus nach Meggen. Der Sohn schafft den Sprung aus dem elterlichen Nest. Woher das Geld für den Hauskauf kommt, ist indes unklar. Sein Vater würde ihm kein Kapital bereitstellen. Wahrscheinlich hat Franziska Dönni-Stadelmann das Geld eingebracht.

Nur ein Jahr später erhält Dönni senior von der Luzerner Filiale der Schweizerischen Kreditanstalt einen unangenehmen Brief: Der Sohn könne den Zins nicht mehr bezahlen, er schulde der Bank Geld.

Dönni senior muss wohl oder übel einspringen und in die Tasche greifen. Er ist verärgert und enttäuscht, einmal mehr. Dazu kommt: Naturforscher und Abenteurer erschliessen nach und nach die Arktis und Antarktis, die für seine Scheibentheorie tragend sind. In seiner letzten Publikation hat er diese Unternehmungen scharf kritisiert. Der norwegische Seefahrer Roald Amundsen erreicht 1911 den Südpol, kurz nachdem der Nordpol betreten worden ist. Amundsen müsste nun vom gigantischen Eiswall berichten, von dessen Existenz Dönni überzeugt ist. 1912 bricht sogar ein Schweizer Naturforscher in den eisigen Norden auf: Alfred de Quervain unternimmt seine Grönlandfahrt. Ob und wie Dönni auf diese Expeditionen reagiert hat, ist nicht überliefert.

Dann erkrankt Dönni junior an Multipler Sklerose. Laut einem ärztlichen Zeugnis kann er sich nurmehr mit Mühe fortbewegen, auf der Strasse ist er umgefallen, er ist «verdienstunfähig». Seine Hände zittern so stark, dass er nicht mehr imstande ist zu schreiben.

Jetzt kann er die Tätigkeit des Milchkontrolleurs nicht mehr ausüben, auch die ins Stocken geratene Käserkarriere ist definitiv vom Tisch. Was nun? Weder Luzern noch die Schweiz kennen eine Invalidenversicherung.

Nun schlägt die Stunde von Franziska Dönni-Stadelmann. 1913 erhält Dönni senior wieder einen peniblen Brief, diesmal nicht von der Bank, sondern vom Luzerner Stadtrat: Weil sein Sohn in Not geraten sei, müsse er, der Vater, ihn finanziell unterstützen gemäss Schweizerischem Zivilgesetzbuch. Neben der «freiwilligen Milchspende», die er dem Sohn weiterhin zu liefern habe, habe er ihm «täglich drei Franken» zahlen, zu überweisen «in monatlichen Raten». Wegen der drei kleinen Kinder sei es der Frau des Erkrankten nicht möglich, für den Unterhalt der Familie aufzukommen.

Franziska Dönni-Stadelmann hat den Brief des Stadtrats ausgelöst. Sie hat diesem über einen Anwalt und mit Verweis auf das Zivilgesetzbuch geschrieben, ihr Mann sei «geistig und körperlich gebrochen, völlig erwerbsunfähig und mittellos».

Hat das Paar Dönni-Stadelmann vorher versucht, vom alten Dönni finanzielle Unterstützung zu erhalten, hat ein Gespräch zwischen Vater und Sohn stattgefunden? Oder ist Franziska Dönni-Stadelmann direkt zum Juristen gegangen, noch immer mit der Wut im Bauch darüber, wie ihr Schwiegervater ihren Mann behandelt hat bei der gescheiterten Geschäftsübergabe?

Dönni senior aber denkt nicht im Traum daran, seinen Sohn zu unterstützen, den er schon länger im Verdacht hat, ein Tunichtgut und Taugenichts zu sein. Er engagiert Rechtsanwalt Dr. Otto Schnyder und legt beim Stadtrat Rekurs ein: Er habe dem Sohn bereits eine Bürgschaft von über 5000 Franken bezahlt, und dieser habe ihm schon «viel Sorgen» bereitet, klagt er. «Sohn Melchior erhielt seiner Zeit das Molkereigeschäft in Luzern samt Kundschaft, wirtschaftete aber derart, dass er dasselbe aufgeben musste. Er verstand es nicht, zu arbeiten und zu sparen, dagegen sehr wohl, dem Vergnügen nachzugehen und über seine Verhältnisse zu leben.»

Schwere Vorwürfe macht der Vater dem Sohn. Die Schuldige für dessen Fehlverhalten ist nach seiner Ansicht jedoch die Schwiegertochter: «Der eigentliche Stimulus in dieser Richtung ist die Frau Franziska geb. Stadelmann. Nach Aufgabe des hiesigen Geschäfts siedelte Melchior Dönni nach Meggen über, statt aber zu arbeiten, kaufte er sich eine Villa, um den Privatier zu spielen.» Privatier spielen: Der Sohn erdreistet sich, bereits jetzt sein zu wollen, was der Vater sein darf nach seinem so harten wie erfolgreichen Arbeitsleben. Dönni senior stellt klar, dass er der Familie seines Sohns täglich fünf Liter Milch, weitere «Naturalgaben» und dazu Geld gebe, mehr könne er nicht bezahlen, nun müsse halt der Heimatort Wolfenschiessen einspringen.

Drei Argumente bringt Dönnis Anwalt gegen die Unterstützungspflicht vor: Erstens hat die Schwiegertochter das Gesuch gestellt, nicht der Sohn, es ist keinesfalls erwiesen, dass dieser damit einverstanden ist. Zweitens fehlt dem Gesuch die Begründung, denn unterstützungspflichtig ist nur, «wer sich in einer Notlage befindet und sich daraus nicht aus eigener Kraft» oder mit der Hilfe seiner Angehörigen befreien kann, nicht aber, wer faul und bequem ist: «Der Petent soll sich daher selbst helfen, wenn er sich überhaupt in einer Notlage befindet», was angesichts der «Liegenschaft in Meggen» mehr als zweifelhaft ist. Drittens ist Dönni senior gar nicht in der Lage, seinen Sohn zu unterstützen, da er nichts mehr verdient und für seine Familie mit zwei noch minderjährigen Kindern sorgen muss.

Die Strategie von Dönnis Anwalt scheint aussichtsreich zu sein. Er bedient sich eines Diskurses, der bei den weltlichen und geistlichen Obrigkeiten seit der Reformation beliebt ist, bei Reformierten nicht weniger als bei Katholiken: der Unterteilung der Armen in würdige und unwürdige, gute und schlechte, berechtige und unberechtigte Subjekte. Wer unverschuldet in Armut geraten ist, wird von der Kirche oder der öffentlichen Hand unterstützt und soll dafür dankbar sein, wer aber arm geworden ist, weil er Müssiggang und Völlerei, Trunk und Spiel gefrönt hat, soll selbst für sich schauen, und wenn er keine Lösung findet und der Allgemeinheit zur Last fällt, wird er über die Grenze ausgeschafft.

Für Schnyder und Dönni senior gehört Dönni junior zu dieser Gruppe. Der Vater fixiert den Sohn gleichsam mit obrigkeitlichem Blick. Die Sehnsucht nach Frieden und Harmonie, die seine letzte Broschüre durchzieht, macht Halt vor dem missratenen Erstgeborenen. Auffällig am Streit um den Unterstützungsbeitrag von täglich drei Franken ist, wie unerbittlich der Vater gegen seinen Sohn vorgeht. Die Argumentation gegenüber den Behörden, der Sohn habe keine Unterstützung verdient, weil er faul sei, kommt dessen Verstossen gleich.

Woher die Härte und Kälte? Eine Erklärung könnte lauten, dass Dönni senior seinen Vater früh verloren hat und sich daher kein realistisches Vaterideal hat aufbauen können. Er ist ein Muttersohn, der sich eine starke Ehefrau gesucht und gefunden hat. Dönni senior will mit seinem Erstgeborenen richterlich gerecht, nicht väterlich warmherzig sein.

Doch Dönnis Rekurs schlägt fehl, der Stadtrat hält an seinem Entscheid fest: Das Haus der Dönni-Stadelmanns sei stark belastet, die Familie befinde sich sehr wohl in einer Notlage, laut Zivilgesetzbuch müsse der Vater für seinen Sohn aufkommen. Dönni gibt nicht auf, zieht seinen Rekurs weiter an den Regierungsrat. Dieser beauftragt den Amtsgehilfen der Stadt Luzern, zwischen Vater und Sohn zu vermitteln und Ersteren zum Einlenken zu bewegen. Der Gehilfe ist erfolgreich: «Die Angelegenheit kann als erledigt betrachtet werden», rapportiert er. Dönni senior ist bereit, die Unterhaltszahlung zu leisten. Ausschlaggebend dürfte das Versprechen des Sohns sein, die Unterstützung nur so lange in Anspruch zu nehmen, bis er wieder arbeiten könne.

Fortan bedankt sich der kranke Dönni junior aus Meggen mit schöner Regelmässigkeit für die Unterstützung nicht nur bei Vater und Mutter, sondern auch bei den männlichen Geschwistern. Seine für einen an Multipler Sklerose Leidenden überraschend schwungvolle Handschrift ziert eigens zurechtgeschnittene Papierstreifen: «Liebe Eltern und Brüder! / Mitfolgend erhalten Sie die Quittungen für Monate November und Dezember, für welchen Betrag ich bestens danke. Wünsche euch allen von Herzen ein recht glückliches Neujahr und dem Vater die besten Wünsche zum Namensfest. / Melk.»

Doch die Familie Dönni-Stadelmann kann das Haus nicht halten. Sie muss in eine Wohnung an die Löwenstrasse 9 ziehen, wo Melchior juniors Eltern und die beiden Brüder Gottfried und Ludwig leben. Melchior junior erhält Amtsvormund Josef Elmiger als Beistand. Er ist nun kein vollwertiger Bürger mehr.

Zum Gram über den Sohn kommt für Dönni senior die Besorgnis über die Zeitläufe. 1914 bricht der Erste Weltkrieg aus. Der «Grosse Krieg», wie schon die Zeitgenossen sagen, stellt alle bisherigen Kämpfe in seinen Schatten, was Opferzahl und Grausamkeit betrifft. Die Katastrophe nimmt Dönni mit, der sich schon lange nach Frieden und Harmonie für die Menschheit sehnt. Dass er in einer zerstrittenen Zeit lebt, die den Kampf, die Macht und das Recht des Stärkeren favorisiert, belastet ihn. Staatsmänner und Feldherren zetteln zahllose Kriege an, die europäischen Grossmächte dehnen ihre Herrschaftsgebiete aus bis nach Übersee, rücksichtslos verfolgen sie ihre wirtschaftlichen und politischen Interessen. Aus dem «Luzerner Tagblatt» bekommt Dönni die Ereignisse mit. Der Krieg mit seinen Schrecken, mit den unzähligen Toten und Versehrten ist stetes Thema.

Dönni scheint den «Grossen Krieg» geahnt zu haben. In seiner letzten Broschüre hat er zehn Jahre zuvor geschrieben, dass im Krieg «Tausende und Tausende im besten Mannesalter unschuldig, straflos hingeschlachtet und zu Grunde gerichtet werden». Dieser Satz trifft auf viele Kriege, besonders aber auf den «Grossen Krieg» zu.

Und dann stirbt Melchior Dönni, mitten im Ersten Weltkrieg. Am Mittag des 18. Juli 1916, um zehn Minuten nach zwölf Uhr, erhängt er sich in der Wohnung seines Hauses an der Löwenstrasse. Laut ärztlichem Bericht ist er «tot aufgefunden worden, gestorben zufolge Suicidum, Erhängen, im Zustande von Geistesstörung». Sein jüngster Sohn, der achtzehnjährige Ludwig, soll ihn gefunden haben.

Dönni hat seinen Suizid geplant. Schon 1913 setzt er im Beisein von drei Zeugen, darunter seinem Anwalt Otto Schnyder, seine «Letztwillige Verfügung» auf. Sie ist in ungelenker Schrift verfasst, als ob der Kummer, der an ihm nagt, von seinen Händen auf die zittrigen Buchstaben übergegangen ist. Dönni will nicht nur für die Welt, sondern auch für seine Familie Frieden: «Meine Kinder sollen ihre Mutter, meine liebe Frau Marie Dönni-Schriber, so lange sie lebt, in Ehren halten und ihr gehorsam sein. Allen meinen Kindern möchte ich ans Herz legen, friedlich und einig zu sein, sich vor Bürgschaften und Prozessen zu hüten, die zehn Gebote Gottes zu halten, Gott sowie den Nebenmenschen für empfangene Wohltaten dankbar zu sein, sich so viel wie möglich nach der Decke zu strecken, sich vor Schulden zu hüten und solche so bald als möglich abzutragen.»

Die Sätze lesen sich wie eine Abmahnung des Erstgeborenen. Der Vater will Familienfrieden, enterbt aber Melchior. Seine beiden Liegenschaften sollen nach dem Tod seiner Frau an «die Söhne Josef, Karl, Gottfried und Ludwig» gehen. Die Töchter Lina und Josefine erhalten je 10 000 Franken Gülten auf das Haus an der Stadthofstrasse. Melchior erhält bloss 20 000 Franken, davon aber werden alle Zahlungen, die er, Dönni senior, für ihn geleistet habe und noch leiste, abgezogen. Dönni schreibt es nochmals auf: Sein ältester Sohn «hat mir viele Tausende Franken Schaden zugefügt, überhaupt hat er mir durch sein leichtsinniges Wesen viel Verdruss und Schaden verursacht».

Anfang 1916 passt Dönni sein Testament der für Hausbesitzer nachteiligen Konjunkturlage an. Damit die Söhne finanziell nicht zusätzlich geschädigt werden, reduziert er das Erbe der Töchter und Melchiors. Zwei Monate vor seinem Tod bekräftigt er auf einem separaten Schriftstück das Erbe seiner Frau und drückt ihr zugleich seine tiefe Verbundenheit aus, ja seine Liebe: «Unterzeichneter übergibt seiner lieben Frau Maria Dönni-Schriber für die langjährige Arbeit, Leiden und Geduld, die sie für mich während der 36 Jahre unseres Ehelebens gehabt hat, sämtliches Möbel-Inventar, Haushaltungen und Gegenstände, die sich in der Wohnung Nr. 9 Löwenstr. III. Etage befinden, über das sie nach Ihrem freien Willen zu verfügen hat.»

An der Scheibentheorie hält Dönni nach wie vor fest: «Das von mir ausgearbeitete Erdrelief soll gemeinsames Eigentum meiner Erben werden. Sie sollen es, sowie die zugehörigen Schriften, mit grösster Sorgfalt behandeln und gelegentlich verwerten. Die Sache hat unbedingt eine Zukunft: Sie fusst auf der natürlichen Grundlage und muss früher oder später zu allgemeiner Erkenntnis gelangen.» Dönni hat zwar das Patent schon lange gelöscht, ist aber noch immer davon überzeugt, dass sein Relief sich bald durchsetzen werde gegen den Globus. Auf die Rückseite der Weltzeituhr kritzelt er: «Die zwei Reliefs gehören meinem Sohn Karl / Melch. Dönni.» Das erste Relief, das er vor 1902 gebaut hat, ist verschollen. Der 24-jährige Karl Josef Dönni-Rhein ist beruflich erfolgreich; er arbeitet bei der Schweizerischen Bankgesellschaft in Zürich.

Hat Dönni sich erhängt aufgrund einer «Geistesstörung», wie der Beamte notierte? Da keine ärztliche Diagnose zu Dönnis Zustand überliefert ist, bleibt offen, was der Befund besagen will. Zum einen könnte er auf die Dementia anspielen: Die Psychiater bezeichnen damit eine irreversible Geisteskrankheit. In der Todesanzeige, die einen Tag nach seinem Suizid im «Luzerner Tagblatt» erscheint, ist denn auch die Rede davon, dass der Senn «nach langer, geduldig ertragener Krankheit, jedoch unerwartet schnell» gestorben sei. Der Satz könnte Dönnis Dementia und damit verbunden seine kosmologische Theorie als eine Folge seines angeblichen Irrsinns andeuten.

In Dönnis Todesjahr ist die Dementia-Diagnose psychiatrisch nicht mehr «state of the art». Sie wird verdrängt durch das Krankheitsbild der Schizophrenie, das der Zürcher Psychiater Eugen Bleuler nach der Jahrhundertwende geprägt hat. Vielleicht nimmt der Luzerner Beamte darauf Bezug. Demnach hätte Dönni an Wahnideen und Halluzinationen gelitten, die sich in Sprachstörungen manifestieren. Spuren solcher Störungen sind indes weder in seinen Schriften noch in den testamentarischen Texten sichtbar. Diese zeugen vielmehr von gedanklicher Klarheit. Dönni ist im Vollbesitz seiner geistigen Kräfte.

Wahrscheinlich verweist die «Geistesstörung», die der Beamte notiert, schlicht auf Dönnis «Suicidum». Auch wenn die näheren Umstände der Tat nicht bekannt sind: Sie ist auf jeden Fall im geistigen Klimas Luzern eine Provokation. In der katholischen Theologie ist der Suizid eine Sünde. Schon der Kirchenvater Augustinus von Hippo notiert um 400: «Daran halten wir mit aller Entschiedenheit fest, dass niemand freiwillig den Tod suchen darf, um zeitlicher Pein zu entgehen, er würde sonst der ewigen anheimfallen.» Wer sich tötet, muss sich nicht wundern, dass er in der Hölle landet. Eine Provokation wäre die Tat indes ebenso in der reformierten Welt. Rigoros verurteilt Martin Luther den, der «sein Selbst mordet». Gott hat dem Menschen das heilige Geschenk des Lebens gegeben; wer sein Ende eigenmächtig vorwegnimmt, missachtet des Schöpfers Wille. Im reformierten Basel steckt man Selbstmörder im 19. Jahrhundert in Fässer und wirft sie in den Rhein, im ebenfalls reformierten Bern werden ihre Gräber noch im frühen 20. Jahrhundert mit niedrigen Eisengittern eingezäunt, die verhindern sollen, dass sie aus dem Boden steigen und die Gesellschaft mit Unheil heimsuchen.

Auch die Medizin weist die Deutung des Selbstmords als Sünde zurück und ersetzt sie durch die Pathologie. Nachdem der französische Psychiater Jean Étienne Esquirol sein Theologiestudium abgebrochen hat, hält er 1838 fest: «Der Mensch trachtet sich nur im Delirium nach dem Leben, und alle Selbstmörder sind Geisteskranke.» Der Selbstmörder leidet aus Sicht der Psychiater im Grunde an einer schweren Nerven- oder Geisteskrankheit.

In den Augen der Gläubigen hat Melchior Dönni eine Sünde begangen, für die Ärzte ist er geisteskrank. Oder wählt der Beamte die Bezeichnung «Geistesstörung», damit Dönni ein christliches Begräbnis erhält? So wird der Suizid entschärft.

Einmal mehr und zum letzten Mal schert Dönni aus. Er setzt sich über die Gesetze der katholischen Kirche und die Normen seiner Vaterstadt hinweg. Der angesehene Bürger begeht eine Tat, die ihn und die Seinen diskreditiert, ob sie nun als Sünde oder Pathologie gedeutet wird. Vielleicht macht er es wie die von ihm bewunderten «Alten» der Antike, welche die Scheibentheorie vertraten, wie er glaubt. Die Griechen und Römer achteten den Selbstmord. Er zeugte für sie von Entschlusskraft und Mut.

Zwei Tage nach seinem Tod erhält Melchior Dönni im «Luzerner Tagblatt» einen Nachruf. Durch «unausgesetzten Fleiss und Solidität kam er, der nichts weniger als eine robuste Gesundheit besass, vorwärts, und sein Geschäft gedieh zusehends», lautet die Würdigung. Dönni also sei schon immer kränklich gewesen und seit einigen Jahren «viel leidend».

Melchior Dönni juniors Zusammenleben mit seiner Mutter und den Geschwistern funktioniert nicht. Sie finden keinen Frieden. Die beiden Parteien, Dönni junior beziehungsweise sein Beistand und der Rest der Familie, treffen ein «Abkommen»: Ersterer muss die Wohnung an der Löwenstrasse verlassen, ihm wird gekündigt. Dafür erhält er für den Unterhalt seiner Familie einen einmaligen Betrag, vor allem für die Ausbildung der Kinder, und seine Frau macht Heimarbeit als Näherin. Auch das Abkommen ist nur von kurzer Dauer. Maria Dönni-Schriber und ihre anderen Söhne fechten die Unterstützung an, die sie Melchior junior zu leisten haben.

Die Mutter hält nicht zu ihrem ältesten Sohn, sondern zu den mit ihm verfeindeten Geschwistern. Letztlich vertritt sie die Position des verstorbenen Vaters. Diesem hält sie auch in dieser Sache die Treue. Melchior Dönni senior war ein Muttersohn, Melchior Dönni junior konnte keiner sein.

Ein Streit entbrennt, der bis vor Bundesgericht führt. Dieses weist den Fall wieder dem Regierungsrat zu. Melchior Dönnis Beistand Josef Elmiger klagt, die

Verwandten gingen auch gegen ihn «äusserst gehässig» vor, am liebsten liessen sie «den lahmen und kranken Sohn verhungern». Gerungen wird um Kleinigkeiten. Anwalt D. C. Breitenach gibt zu Protokoll, Geschwister und Mutter seien Dönni junior gegenüber feindselig. Er, Breitenach, habe sein Büro auf dem gleichen Stock wie die Familie Dönni-Stadelmann gehabt. Sie seien friedliche, ruhige und reinliche Nebenmieter gewesen. Elise Hauser-Hauser dagegen, ebenfalls Mieterin im Haus, Witwe des Luzerner Hoteliers Albert Hauser und ehemalige Präsidentin des Gemeinnützigen Frauenvereins der Stadt Luzern, sagt aus, die Familie lebe «in Saus und Braus, die Kinder schlecken Schokolade, die Frau arbeitet nicht».

Josefine Hurter-Dönni teilt den Behörden unumwunden mit, ihr kranker Bruder sei sehr wohl arbeitsfähig: «Er kann noch ganz gut Hausgeschäfte verrichten, und hat es auch immer getan. Auch kann er noch sehr nette Sächelchen machen, da er sehr geschickt ist. Zum Beispiel machte er auch die sehr schöne Sennhütte mit Zubehör, in das Schaufenster der Firma Stadelmann, Käsehandel, das dort sehr viele Passanten bewunderten, und den Löwen von Luzern, aus Butter gefertigt, das zu Ostern dort das Fenster zierte, war von ihm.» Trotz seiner Krankheit, fährt die Schwester fort, könnte der Bruder noch alt werden, er könnte ja noch das Korbflechten lernen.

Melchior, der in die Fussstapfen seines erfolgreichen Vaters hätte treten sollen, ist nun ein kranker Mann, der folkloristische Schaufensterdekorationen für die Käsehandlung seines Schwagers bastelt, darunter das Löwendenkmal aus Butter – das Denkmal, das den Startschuss gab für die Entwicklung des Wey zur Tourismusmeile, die wiederum den Aufstieg Luzerns zur Touristenmetropole brachte und damit die erfolgreiche Berufslaufbahn des im Wey ansässigen Senns und Molkereibesitzers Melchior Dönni beschleunigte.

1925 stirbt auch Dönni junior, nur neun Jahre nach seinem Vater; er erliegt der Multiplen Sklerose. Das väterliche Geschäft, das er hätte weiterführen sollen, gehört nun der Firma Galliker M. Söhne. Seine Mutter, Maria Dönni-Schriber, stirbt 1933 «nach langer, mit grosser Geduld ertragener Krankheit», wie die Todesanzeige vermeldet. Sie ist fast gleichlautend wie jene, die ihr Mann erhalten hat.

Freigeist im Käfig

Ausgerechnet Melchior Dönni! Ausgerechnet er propagiert um 1900 die Theorie der Scheibenerde. Er lässt sich von dem in Deutschland unter konservativen Pastoren verbreiteten Antikopernikanismus inspirieren, er wird ein Flacherdler nach angelsächsischem Beispiel, freilich ohne die Verschwörungstheorie und den Bibelfundamentalismus zu übernehmen. Dönni ist eigenständig. Im deutschen Sprachraum ist er wohl der Einzige, der im 19. und frühen 20. Jahrhundert diese Theorie vertritt.

Den Glauben an Gott legt er im katholischen Luzern nicht ab, aber er legt ihn auf eigenwillige Weise aus. Seine Religiosität ist überkonfessionell und mündet, auch wenn Dönni am Schöpfergott festhält, in einen schier pantheistischen Spiritualismus. Alle Religionen sind gleich, sagt Toleranzphilosoph Dönni, das Christentum ist demnach nicht besser als der Islam, das Judentum oder der Hinduismus. Gottes Energie waltet in der gesamten Natur, in der Kuh nicht weniger als in der kleinsten Blume. Und wenn die Kuh die Blume gegessen und der Bauer die Kuh gemolken und der Käser die Milch verarbeitet hat, entstehen daraus Käse und Butter, die Garanten von Dönnis Wohlstand. Energie heisst: die Gesetzlichkeit des Werdens und Vergehens. Das Grundprinzip des Lebens ist das Sterben. Und umgekehrt.

Diese Gesetzlichkeit betrifft nicht zuletzt das Lebewesen Erde selbst. Sie ist dazu bestimmt, von der Sonne verbrannt zu werden. Langsam, aber stetig nähert sie sich dieser, im Zeitlupentempo steigt sie auf, um zu verglühen, damit etwas Neues entsteht, eine neue Erde. Der Senn denkt Mensch und Tier, Erde und All in Kreisläufen. Entfernt erinnert seine Theorie an die legendäre «Gaia-Hypothese», die der Geologe James Lovelock und die Biologin Lynn Margulis um 1975 aufstellten. Demnach ist die Erde ein dynamisches Gesamtsystem und ein gigantisches Lebewesen. Alles ist mit allem verbunden.

Die Erde gehört wieder ins Zentrum, fasziniert ist Dönni jedoch von der Kraft der Sonne. Der hebräische Name Melchior bedeutet auf Deutsch «König des Lichts». Originell setzt Dönni die Sonne mit einer Rakete gleich, die plötzlich durch das All rast; man kann im drastischen Bild die Vorwegnahme von Weltraumraketen sehen. Der Kosmos gerät aus den Fugen. Dönni schwankt zwischen harmonischem Kreislauf und kosmischer Katastrophe.

Er entwirft eine Phänomenologie des Sehens. Seine Theorie ist eine des «Gesichtskreises», wie er sagt. Der Ausgangspunkt ist, was man erblickt: die flache Erde, die wandernde Sonne. Was man sieht, ist jedoch nicht immer wahr.

«Wie das Auge täuscht und wie wenig weit es reicht, kann jedermann selbst beobachten», schreibt er. «Von Luzern aus scheint die Sonne hinter dem Rigi oder Gotthard aufzustehen, obschon sie in Wirklichkeit viele tausend Kilometer weit ob Asien gerade so steht, wie hier in der Mittagszeit, und am Abend scheint sie in Basel unterzugehen, in Wirklichkeit steht sie aber ob Amerika.» Dem Auge ist zu trauen, aber nicht auf den ersten Blick.

Das Auge hat eine Kugelform, wie der Globus. Daher kommt dem Menschen «das Firmament sowie auch Meer- und Landflächen rund zur Ansicht und es bildet sich infolgedessen der menschliche Verstand ein, das Weltall müsse auch rund sein». Die Gestalt des Auges überlistet den Verstand. Die technischen Hilfsmittel der Wissenschaftler ändern daran nichts. Das Fernrohr «beweist den Irrtum, indem man durch dasselbe den Gegenstand, den man mit den blossen Augen nur an der obersten Spitze gesehen hat, ganz sieht und noch entferntere Gegenstände wahrnehmen kann».

Damit man dem Auge trauen kann, muss man wissen, dass es einen täuscht. Erst mit diesem Wissen sieht man von der Rigi aus die Erde korrekt sich erstrecken und weiss, wie und wo die Sonne auf- und untergeht. Dönnis Relief zeigt die Welt, wie man sie von oben sähe. Würde er an den Rand der Erde fahren, erblickte er die kilometerhohen Eiswälle.

Fast dreissig Jahre wartet Dönni zu, bis er wagt, seine Theorie zu veröffentlichen. Mit knapp sechzig Jahren tritt er in seinem Beruf kürzer und wird zum Wissenschaftler, zum Astronomen und Kosmologen. Zugute kommt ihm, dass er weder an Selbstzweifeln noch an Minderwertigkeitskomplexen leidet, wenn es um seine Theorie geht. Mit der grössten Selbstverständlichkeit breitet er sie aus, überzeugt von ihrer Richtigkeit und vom Irrtum aller anderen, insbesondere der Experten. Man könnte Dönni des Grössenwahns bezichtigen. Allerdings braucht jeder Wissenschaftler eine Portion davon, wenn er erfolgreich sein und sich durchsetzen will. Der Soziologe Pierre Bourdieu hat diese Haltung als «Illusio» bezeichnet. Ohne sie macht kein Wissenschaftler Karriere. Dönnis Illusio scheint für einige Jahre sehr intakt gewesen zu sein.

Aber nach seinem Schritt an die Öffentlichkeit passiert fast nichts. Zum Glück bewahrt das Eidgenössische Patentamt das Relief auf, auch nachdem das Patent 1903 erloschen ist. 1995 übergibt das Eidgenössische Institut für Geistiges Eigentum, wie das Amt nun heisst, die Schachtel mit dem Relief, die ihm einst von Dönni zugeschickt worden ist, mitsamt den Broschüren dem Schweizerischen Bundesarchiv. Dieses nimmt die Schachtel, die vielleicht von dem im Patentamt angestellten Albert Einstein gerettet worden ist, in den Katalog auf und deponiert sie im Magazinkeller. Dort bleiben Relief und Broschüren fast dreissig Jahre lang liegen. Da ausser einigen Nachfahren niemand von Melchior

Dönnis Scheibentheorie weiss, kann diese gar nicht entdeckt werden. Vergessen schlummert sie der Zukunft entgegen, bis ich eines Tages über die Schachtel gestolpert bin.

Nicht einmal die 1895 gegründete Nationalbibliothek, die verpflichtet ist, alle in der Schweiz gedruckten oder von Schweizerinnen und Schweizern verfassten Texte zu sammeln, besitzt Dönnis Schriften. Entweder die Bibliothek hat nie von ihnen Kenntnis gehabt, weil sie keinen Verlag angeben, oder sie aussortiert wegen ihres pseudowissenschaftlichen Inhalts.

In seiner Heimatstadt Luzern wird Dönni ignoriert und totgeschwiegen. Keine einzige Reaktion ist überliefert. Weder erwähnt die Presse seine Broschüren, noch werden sie von der Zentral- und Hochschulbibliothek Luzern angeschafft, welche die Bestände ihrer beiden in der ersten Hälfte des 19. Jahrhunderts gegründeten Vorläuferinnen Bürgerbibliothek und Kantonsbibliothek umfasst. Niemand scheint ein ablehnendes oder zustimmendes, ein lobendes oder spöttisches Wort verloren zu haben.

Melchior Dönnis wichtigste Quelle für seine Theorie müssen die englischen «Flatearther» gewesen sein, die Zetetics. Irgendwie muss der Käser mit ihnen in Kontakt gekommen sein, vielleicht persönlich, beispielsweise in seiner Molkerei im Wey, wo sich Touristen tummelten und an Löwendenkmal, Gletschergarten und Diorama erfreuten. Oder er studierte die auf Englisch verfassten Schriften eines Flacherdlers. Die Übereinstimmung zwischen seiner Theorie und jener der Zetetics ist stellenweise zu frappant, Dönnis Weltkarte ähnelt jener Rowbothams zu stark.

Das wiederum bedeutet, dass Dönni die Sprachbarriere überwindet, sei es mündlich oder schriftlich. In der Schule lernt er kein Englisch, aber vielleicht später ein paar Brocken als Molkereibesitzer. Oder ein Dolmetscher hilft ihm beim Übersetzen, oder ein britischer oder US-amerikanischer Flacherdler, der Luzern besucht und Dönni kennenlernt, spricht Deutsch. Freilich ist keine Verbindung der Zetetics zum deutschen Sprachraum bekannt, keine einzige deutsche Publikation liegt vor.

Falls Dönni doch keinen Zetetic kennengelernt oder eine der Schriften Rowbothams gelesen haben sollte, ist ihm vielleicht ein Exemplar von Washington Irvings Besteller-Biografie «A History of the Life and Voyages of Christopher Columbus» von 1828 in die Finger geraten. Das Buch soll die Idee der Scheibenerde in der Neuzeit in die Welt gesetzt haben. Die Bürgerbibliothek und die bei der lesenden Bevölkerung noch beliebtere Kantonsbibliothek besitzen je ein Exemplar auf Englisch. Dönni ist indes kein eingeschriebener Nutzer der Bürgerbibliothek.

Die Anregung zum Thema des Erdverglühens, zum Hitzetheorem, findet der Senn im Gletschergarten, an dessen Aufbau sein Schwiegervater beteiligt war.

Und vielleicht inspiriert ihn schlicht sein Beruf. Damit der Käser aus Milch kreisrunde, flache Käselaibe fabrizieren kann, braucht er Feuer und Hitze. Ohne Feuer kein Käse, es ist das Elixier des Käsers. Zudem besuchte Dönni auf seiner zweiten Hochzeitreise Neapel, als der Vesuv aktiv war.

Mit dem Medium des Reliefs macht Dönni ebenfalls im Gletschergarten Bekanntschaft. Er ist der einzige Flacherdler, der den Einfall hat, sein Weltbild nicht nur auf einer Karte, sondern mit und in einem Relief darzustellen. Damit treten die Besonderheiten der flachen Erde, ihr erhöhtes Zentrum Nordpol sowie der Eiswall der Südzone plastisch hervor.

Mit dem Relief bedient Dönni sich eines politisierten Objekts. Das Medium ist im Gespräch. Um 1900 leistet sich die Schweiz ein neues Landesrelief, mit dem sie an der Pariser Weltausstellung auftrumpfen will. Dabei kommt es zum Streit zwischen Westschweiz und Deutschschweiz. Der Genfer Künstler Charles-Eugène Perron plant, für den Bund ein Relief im Massstab 1:100 000 zu bauen, doch Professoren und Militärs des Polytechnikums Zürich, darunter der Geologe Albert Heim, finden dieses Modell nicht nur viel zu teuer, sondern auch viel zu klein, als dass es dem wissenschaftlichen und militärischen Fortschritt dienen könne. Man würde darauf nichts erkennen, sagen sie, höchstens den einen oder anderen Berggipfel, was fatal sei, denn das Relief habe ein plastisches Bild des Nationalstaats zu vermitteln. Dönni vermittelt sogar ein plastisches Bild der Erde. Nur das im Nordpol steckende Schweizerfähnchen erinnert an die Nation.

Für das Thema der Gletscher und des vor Hitze brodelnden Erdkerns ist eine weitere Quelle in Betracht zu ziehen. Um 1900 sind die Natur- und Erdwissenschaften besessen vom Thema Feuer und Eis. Wie die Wissenschaftshistorikerin Christina Wessely schreibt, ist der Grund dafür das physikalische Gesetz der Entropie, das den Wärmefluss definiert. Es stösst in den Naturwissenschaften auf grosses Interesse und diffundiert von dort in die Populärwissenschaften. Die Zeitgenossen ziehen zwei entgegengesetzte Schlüsse: Die Erde sterbe entweder den Wärmetod oder ende im Eis.

Diverse kosmologische Theorien blühen auf. Einige postulieren als Ziel des Weltgeschehens das Werden und Vergehen aller Dinge, wie Dönni. Hat er sich von einschlägigen Broschüren inspirieren lassen, hat er im Wey weitere Selfmade-Theoretiker kennengelernt, wie er selbst einer ist? Nach der Jahrhundertwende gewinnen die Eisvisionen die Oberhand. Prominent ist die Welteislehre, die der Wiener Ingenieur Hans Hörbiger schon 1894 ausheckt, aber erst 1913 auf über 800 Seiten präsentiert («Hörbigers Glacial-Kosmogonie»), um damit, wie er glaubt, sämtliche Wissenschaften zu revolutionieren. Die meisten Himmelskörper bestünden aus Eis oder Metall, schreibt er. Die Planeten würden sich der

Sonne nähern und verdampfen, zugleich steuere der Mond auf die Erde zu, bis er unter seinem Gewicht zerbrechend auf diese stürze, was eine Klimakatastrophe auslösen werde.

Hörbiger gelingt, was Dönni versagt bleibt: Er findet Anerkennung, hat Erfolg und gewinnt Anhängerinnen und Anhänger, darunter prominente Literaten. Astronomen und Physiker warnen zwar vor dem Pseudowissenschaftler, doch die Lehre verliert nichts von ihrer Anziehungskraft. Die Nationalsozialisten werden sie weiter aufwerten und mit dem Kult des Germanentums verbinden. Damit kommt sie im Zentrum der politischen Macht an. Beinahe wird die Lehre zum Schulstoff. Das ist Dönnis Traum.

Was hat Hörbiger, was Dönni fehlt? Er besitzt nicht nur eine technische Bildung, die ihm bei der Ausarbeitung seiner Theorie zugutekommt, und beträchtliche finanzielle Mittel, dank denen er seine Lehre in Vereinen und Instituten verbreiten kann. Er ist vor allem nicht isoliert, sondern arbeitet mit Amateurastronomen zusammen. Er knüpft Kontakte und baut ein Netzwerk auf. Und er stösst in einen Resonanzraum vor, ist der richtige Mann am richtigen Ort. Er kommt in einer Öffentlichkeit an, die nach seiner Theorie lechzt. Die Zeit ist reif für das apokalyptische Feuer-und-Eis-Gemisch.

Wieso aber verwirft Melchior Dönni die Scheibentheorie nicht? Als er mit ihr in Berührung kommt, könnte er sie für absurd erklären, wie es fast alle seiner Zeitgenossinnen und Zeitgenossen tun. Stattdessen verfeinert er sie.

Dönni will mit der Scheibentheorie mehr, als sie nur propagieren und die Wissenschaft korrigieren. Erstens übt er mit seiner Theorie indirekt Kirchen- und Religionskritik, besonders an dem im Kanton Luzern dominanten Ultramontanismus, der sich für die einzig wahre Denomination hält. Weder interessiert Dönni sich für päpstliche Dogmen noch die Lehren des Vatikans. Er weicht nicht nur von der Lehrmeinung aller Gelehrten und Wissenschaftler ab, sondern auch von derjenigen der Kirche. Er reduziert theologische Spitzfindigkeiten auf einige wenige, aber essenzielle Grundsätze; Leben entsteht und vergeht, die Menschen wollen eigentlich in Frieden zusammen sein, die Erde ist am Verglühen, damit Neues wächst.

Zweitens übt Dönni Herrschaftskritik. In den Institutionen, im Staats-, Polizei- und Rechtsapparat, die vorgeben, die rechtsstaatliche Ordnung aufrechtzuerhalten, sieht er nur Instrumente der Unterdrückung und des Zwangs. Mit seinem Blick auf die Gesellschaft steht er von allen politischen Ideologien dem friedliebenden Anarchismus am nächsten. Dönni ist ein Pazifist. Weder Elemente des Liberalismus noch des Konservatismus, der beiden in seinem Umfeld dominanten Ideologien, scheinen in seinen Texten auf. Auch der Nationalismus interessiert ihn nicht.

Drittens und vor allem übt Dönni Wissenschaftskritik. Im 19. Jahrhundert steigen die Naturwissenschaften zur neuen Religion auf. Sie versprechen, auf alle Fragen Antworten zu liefern und noch die letzten Geheimnisse des Lebens im Kleinen wie in den unendlichen Weiten des Weltalls zu ergründen. Sie entschlüsseln die Wahrheiten und Irrtümer der Religionen, sie reduzieren Gott auf eine menschliche Fantasie und Projektion. Dagegen wendet sich Dönni. Er weist das Wissen von Astronomie und Geologie zurück, die Lehre von der Kugelgestalt der Erde und den Geozentrismus. Und er lehnt den unter manchen Gelehrten verbreiteten Atheismus ab.

Mit seiner Scheibentheorie wagt Dönni sich an einen neuralgischen Punkt der modernen Naturwissenschaften. Deren überhöhtes Selbstbewusstsein drückt sich nämlich in zwei personifizierten Mythen aus, die im 19. Jahrhundert entstehen und sich um die Kugelgestalt der Erde drehen: Galileo Galilei und Christoph Kolumbus. Der Prozess von 1616 gegen Galileo Galilei, schreibt der Wissenschaftsforscher Michael D. Gordin, bilde «einen der einflussreichsten wissenschaftsgeschichtlichen Mythen» und stelle «eine der Grundlagen der modernen Wissenschaft dar», mit der sich diese von angeblich unwissenschaftlichen, rückständigen und theologisch-obskuren Anschauungen absetze. Das liberale «Luzerner Tagblatt» bekräftigt 1902 den Galilei-Mythos, als es gegen das katholisch-konservative «Vaterland» eine antiklerikale Attacke reitet.

In Florenz, wo er als Hofmathematiker angestellt ist, verkündet Galilei in Anlehnung an Kopernikus, die Erde umkreise die Sonne und nicht umgekehrt. Die Kirche ist damit ganz und gar nicht einverstanden. 1616 verfügt die Inquisition, Galilei dürfe seine Lehre nur als Hypothese vertreten, doch dieser lässt nicht ab vom Heliozentrismus. Die Kirche fordert ihn zum Widerruf auf und verurteilt ihn zu Hausarrest, worauf er sich mit öffentlichen Äusserungen zum Kopernikanismus zurückhält. Das ist alles, die Inquisition schreitet nicht ein.

Im 19. Jahrhundert wird diese Geschichte von Wissenschaftlern und Kirchengegnern romantisiert: Das religiöse Establishment habe Galilei verfolgt, weil er sich gegen den Mainstream gestellt habe, seine Lehre habe sich dennoch durchgesetzt. Galilei wird zum Helden der modernen Wissenschaft stilisiert, der sich keiner Autorität beugt, wenn es um die Verteidigung von Rationalität und Wahrheit geht.

Der Mythos des Kolumbus besagt, dieser habe 1492 mit seiner Fahrt nach Amerika bewiesen, dass die Erde eine Kugel sei. Vorher hätten die Gelehrten geglaubt, die Welt sei eine Scheibe. Dieses Vorurteil hält sich bis heute. Dabei war es Kopernikus, schreibt der Historiker Jeffrey Burton Russell, der seine geozentrischen Gegner diffamierte, indem er ihnen den naiven Glauben an die flache Erde unterstellte, und dann im 19. Jahrhundert Washington Irving, der das gesamte Mittelalter mit der Scheibentheorie zusammenbrachte. Die aufstrebenden Wissenschaftler setzten die Theologie mit einer abergläubischen Weltsicht gleich. Die Menschen seien früher so beschränkt gewesen, dass sie nicht anders konnten, als an die Erdscheibe zu glauben.

Jeffrey Burton Russell schreibt: «Unsere Entschlossenheit, den Flache-Erde-Irrtum weiterzutragen, entspringt der Verachtung für die Vergangenheit und unserem Bedürfnis, an die Überlegenheit der Gegenwart zu glauben.» Diese Überzeugung prägt die Wissenschaften vom 19. Jahrhundert bis heute. «Moderne Wissenschaftler vergessen», schreibt Russell weiter, «dass es keine privilegierten Systeme gibt, anhand derer sie die Wahrheit anderer Systeme beurteilen können. Skepsis kann auch auf akzeptierte Theorien angewandt werden.»

Melchior Dönni schreibt: «Der menschliche rastlose Geist schafft und forscht nach Licht und Wahrheit, und findet er überzeugende Anhaltspunkte eines Gegenstandes, so greift er immer weiter in das dunkle Gebiet, um helles Licht zu finden. So sind die grössten Wissenschaften errungen worden und manches fast Unglaubliche ist ans Licht gekommen.» Das Unglaubliche kann auch eine Erkenntnis sein, die schon «die Alten» gewonnen haben, die aber von den fehlgeleiteten Wissenschaften übersehen wird.

Melchior Dönni ist ein Aufklärer. Er sagt selbst: «Möge das Erd-Relief zur Aufklärung etwas beitragen!» Wie kann ein Wissenschaftsgegner Aufklärer sein? Unter der Aufklärung versteht man eine Bewegung von Philosophen mit Ideen und Werten, die in die Forderung münden, dass die Menschen sich von Autoritäten und Konventionen befreien sollten, die der kritischen Prüfung der Vernunft nicht standhielten. Der Begriff Aufklärung umfasst Vieles und Verschiedenes: französische Religionsfeinde, angelsächsische Freiheitsfreunde, deutsche Zivilisationsskeptiker. Kant fordert bekanntlich die Befreiung des Menschen von seiner «selbstverschuldeten Unmündigkeit», andere verlangten theoretische Bildung, Volkserziehung, Pressefreiheit, rationale Lebensführung oder auch schlicht die Erwärmung des Herzens.

Dönni ist insofern ein Aufklärer, als er seinem Verstand vertraut. Er ist weder ein revolutionärer noch ein atheistischer noch ein liberaler Denker. Weder will er die Gesellschaftsordnung auf den Kopf stellen, noch glaubt er, dass der Fortschritt der Wissenschaften einhergehe mit sozialem und ökonomischem Fortschritt. Dönni ist kein Optimist. Er denkt selbst, anerkennt keine Autoritäten, folgt keiner Konfession und auch nicht der Bibel.

Dönni kämpft für sein Wissen, das er dem etablierten Wissen der Naturwissenschaften, der Schulen und Universitäten gegenüberstellt – nicht entgegenhält. Er benennt die Gegner der Erdscheibe nicht, schon gar nicht greift er sie an oder macht sich über sie lustig. Mehr als für seine Vorgänger und viel mehr noch als für seine Nachfolger gilt für Dönni: Er ist kein Verschwörungstheoretiker.

In Dönnis Wahrnehmung wird sein Wissen nicht von den Eliten unterdrückt; die etablierten Wissenschaften sind einfach noch nicht so weit, dass sie die Wahrheit sehen. Und die Eliten und etablierten Wissenschaftler haben auch nicht, wie Verschwörungstheoretiker argumentieren würden, das Mainstream-Wissen gefälscht, um die Massen irrezuführen.

Dönni greift niemanden namentlich an. Vielleicht haben seine Schriften darum keinen Widerhall gefunden.

Mit Michel D. Gordin sind die Flacherdler, und zwar sowohl die frühen als auch die heutigen, als «Gegenestablishment-Wissenschaften» zu bezeichnen, «die in soziologischer Hinsicht die Strukturen der Mainstream-Wissenschaft nachbilden». Die Flacherdler halten sich schlicht für die besseren Forscher, wobei sie sich auf Gott und die Bibel verlassen. Weder behaupten sie von sich, ihr Geist vermöge Aussergewöhnliches zu leisten, noch folgen sie einem ideologischen Programm. Mit den Mitteln der herkömmlichen Wissenschaft widerlegen sie die herkömmliche Wissenschaft.

Diese Definition trifft auf Dönni nur bedingt zu. Zwar hält er sich für einen Forschenden, der gemäss den Regeln der Wissenschaft arbeitet, aber er macht mehr als «nur» Wissenschaft. Er begründet ein eigenes Genre. Er kombiniert Wissenschaft mit Religion und einer wilden apokalyptischen und kosmologischen Poesie. Einmal mehr stellt sich die Frage, was mit ihrem Autor vorgefallen, was in ihm vorgegangen ist.

Und einmal mehr bleibt nur die Spekulation. Vielleicht hat die Enttäuschung über das ausbleibende Echo Dönni angetrieben, sein Weltbild zu radikalisieren und die Grenzen der Wissenschaftlichkeit zu sprengen. Oder es ist der mit dem Erstgeborenen schwelende Konflikt, der seine apokalyptischen, surrealen Visionen freisetzt. Hätte Dönni weiter publiziert, er hätte sich auf literarische Wege begeben.

Stürzt Dönni sich deshalb in den erbarmungslosen Konflikt mit seinem Sohn Melchior, weil er sich von diesem nicht nur beruflichen Erfolg als Käser, sondern auch Interesse für seine Kosmologie wünscht? Dabei tritt Dönni junior wie sein Vater als Erfinder hervor. Zwei Maschinen, welche die Arbeit des Käsers erleichtern, lässt er in Bern patentieren. Anerkennung vom Vater hat er dafür keine erhalten. Dönni senior kompensiert seinen theoretischen Nonkonformismus mit seinem bürgerlichen Paternalismus. Der Muttersohn, der früh seinen Vater verloren hat, gebiert sich als gestrenger Vater. Der Paternalismus gibt ihm genügend Halt und Sicherheit, sodass er das Wagnis der Scheibenerde auf sich nehmen kann.

Bringt Dönni sich um, weil er sich mit seiner Kosmologie isoliert fühlt und dies umso mehr, als der Erste Weltkrieg ausbricht? Seine Verzweiflung muss gross sein über das offenbar Unabänderliche.

Dönni übernimmt die Scheibentheorie und baut sie aus, weil er ein Freigeist ist, aber einer, der im gutbürgerlichen Käfig sitzt. Einer achtköpfigen Familie steht er vor, die er zu ernähren hat, an bester Lage wohnt er in einem Milieu, aus dem er nicht ausscheren darf. Mit dem Schulwissen, mit den religiösen und wissenschaftlichen Weltdeutungen seiner Zeitgenossen kann er nicht viel anfangen. Es drängt ihn, Unerhörtes zu denken. Dönni ist nirgends daheim, weder in den Kreisen der Handwerker noch der Landwirte, die ihm Milch liefern, noch der Bürger, die sich in Bildungsvereinen treffen. Er ist intellektuell ein Solitär, der sich, ohne den schulischen und kirchlichen Vorgaben zu folgen, eine originelle Weltdeutung gezimmert hat. In Anlehnung an den Soziologen Karl Mannheim könnte man sagen: Melchior Dönni wollte ein «freischwebender Intellektueller» sein, allein ihm fehlten die Mittel dazu; die Hochschulbildung, der bildungsbürgerliche Hintergrund, Beziehungen und Kontakte.

Der Schriftsteller Elias Canetti hat geschrieben: «Seit die Erde eine Kugel geworden ist, nimmt sie jeder Lump ganz in die Hand.» Die Aussage ist rätselhaft. Dönni hätte ihr sofort zugestimmt. Sie kritisiert die etablierten Wissenschaften. Wenn deren Erkenntnisse zum Mainstream werden, wenn jeder und jede einfach glaubt, was die Wissenschaften herausgefunden haben, dann haben diese nicht mehr viel Wert. Wissenschaftliches Wissen darf nicht selbstverständlich werden, es muss aufrütteln und verunsichern. Was alle zu wissen glauben, ist trivial. Die Kugeltheorie des Aristoteles und Plato hat ihren Schwung verloren, sie stellt nichts mehr auf den Kopf.

Man könnte Dönnis Denken einen weiteren Dreh ins ganz Grosse geben. Das neuzeitliche Programm der Naturwissenschaften, schreibt der Philosoph Thomas Fuchs, schalte die Subjektivität des Menschen aus. Das sei der Anfang der Digitalisierung der Welt, ihrer Erfassung durch die binäre Zahlenkodierung. Galilei zufolge sei das Buch des Universums in mathematischer Sprache geschrieben, ohne Geometrie, sage dieser, könne der Mensch kein einziges Wort in diesem Buch verstehen. Das wissenschaftliche Wissen dient Galilei, Newton und anderen dazu, die Welt berechenbar und beherrschbar zu machen. Die primären Eindrücke der Menschen dagegen, ihre «diffus-atmosphärischen» Erfahrungen, so Fuchs, dürfen für die Wissenschaften keine Rolle mehr spielen. Sie blenden das Leben, das Erleben und die Innerlichkeit, das Empfinden, Fühlen und Wahrnehmen aus.

Auch dagegen richtet sich Melchior Dönnis Wissenschaft. Zwar wähnt er sich methodisch nicht im Widerspruch zur anerkannten Naturwissenschaft; auch er rechnet und benutzt eine mathematische Beweisführung. Tatsächlich aber beruht seine Wissenschaft, zumindest in der letzten Schrift, auf Poesie. Mit ihr bringt Dönni sein subjektives Erleben des aus den Fugen geratenen Kosmos ein, mit ihr stellt er die etablierte Wissenschaft auf den Kopf. Canetti abwandelnd könnte er sagen: «Seit die Erde wieder zur Scheibe geworden ist, besitzt sie wieder ihr Geheimnis.»

Das Wissen der Chinesen

Im Jahr 1906, als Melchior Dönni an der Mailänder Weltausstellung eine Bronzemedaille gewinnt, veröffentlicht John E. Quinlan in London den ersten Teil seiner Schrift «The Earth a Plane», zu Deutsch «Die Erde ist flach». Quinlan lebt in Castries, im Hauptort der karibischen Insel St. Lucia. Sie gehört seit 1814 zum britischen Weltreich, ist also eine Kolonie des Empires. Auf der Insel arbeiten Sklaven auf Zuckerrohrplantagen.

Über das Leben des Schwarzen Quinlan ist fast nichts bekannt. Er arbeitet als leitender Landvermesser und ist Flacherdler. Wie Melchior Dönni argumentiert er mit den globalen Schiffsrouten, die belegen würden, dass die Erde eine Scheibe sei. Als weitere Belege für die Flachheit der Erde führt er Gott und die Bibel an. Quinlan bringt noch einen Punkt in den Diskurs: den Antikolonialismus. Dass die Erde keine Kugel ist, schreibt er, wurde «nicht von weissen Wissenschaftlern und Astronomen entdeckt, sondern von gelehrten Chinesen, die damals wie ihre Nachkommen heute wissen, dass die Erde flach ist».

Im Umkehrschluss heisst das: Die falsche Lehre von der Kugelgestalt der Erde ist ein Produkt der weissen Eliten. Diese haben fast der ganzen Welt ihren Irrtum aufgedrückt. Nur die Chinesen, die sich dem Einfluss der Weissen entzogen haben, wissen es besser.

Der Antikolonialist Quinlan verbindet seine Kritik an der «weissen Wissenschaft» mit dem Ratschlag, das Königliche Observatorium von Greenwich bei London, eine der wichtigsten Institutionen der akademischen Astronomie, an einen anderen Standort zu verlegen: «Ein Observatorium sollte an einer Stelle errichtet werden, die auf der Höhe einer grossen Wasserfläche liegt, die als natürlicher Horizont dienen würde» – wie der langgezogene Bedford-Kanal, den Rowbotham für sein Experiment benutzte.

Quinlan hat 1900 an der ersten Pan-Afrikanischen Konferenz in London teilgenommen. Sie verabschiedet eine Erklärung, die den mittlerweile berühmten Satz enthält: «Das Problem des zwanzigsten Jahrhunderts ist das Problem der Rassentrennung.» Zwei Jahre zuvor hat Quinlan ebenfalls in London in seiner Funktion als Landvermesser vor der Königlichen Westindien-Kommission ein längeres Statement abgegeben, in welchem er sich für die Interessen der bäuerlichen Bevölkerung einsetzt: «Schon als Junge habe ich mich auf die Seite der Schwachen gestellt.»

Die Schwachen, das sind die Arbeiterinnen und Bauern der Insel St. Lucia, die Nachfahren der ehemaligen Sklaven. Zu den Menschen, die sich in einer schwachen Position befinden, gehört aber auch er, der Schwarze Quinlan – wie der schwarze Prediger John Jasper, der Mitglied der Zetetic Society war. Quinlan und Jasper sind religiös, und beide sind Angehörige einer marginalisierten Ethnie. Flacherdler sind meist Aussenseiter, die sich nicht mit ihrer Position abfinden und die herrschende Wissensordnung und Gesellschaftshierarchie ablehnen.

Zu Beginn des 20. Jahrhunderts erscheinen in England und den Vereinigten Staaten diverse Publikationen, welche die Flachheit der Erde beweisen wollen. In den 1920er- und 1930er-Jahren predigt der US-amerikanische Bauernsohn Wilbur Glenn Voliva die Theorie der Scheibenerde im Städtchen Zion im Bundestaat Illinois. Schon länger führt er dort seine Christlich-katholisch-apostolische Kirche. Fast alle der rund 6000 Einwohnerinnen und Einwohner gehören der Sekte an, andere Religionen sind in Zion verboten.

Die Lehre von der Flachheit der Erde ist in den Schulen Pflichtstoff. Voliva wacht persönlich darüber, dass die Kinder nicht mit falschen Wahrheiten in Kontakt kommen. Wie Rowbotham und John Hampden verbindet Voliva seine Weltanschauung mit einer Wette: Wer beweisen kann, dass die Erde nicht flach sei, dem will er 5000 Dollar bezahlen. Natürlich gewinnt er die Wette. Anders aber als die beiden exzentrischen Briten und sowieso als Melchior Dönni gibt der Sektenführer der Scheibentheorie einen fanatischen Anstrich. Sie untermauert eine geschlossene, auf der wörtlichen Auslegung der Bibel beruhende Ideologie, in deren Zentrum ihr egomanischer Schöpfer steht.

In bibelfundamentalistischen Kreisen bleibt die Scheibentheorie beliebt. 1944 publiziert Martin B. Fast, Generalsekretär des Mennonitischen Zentralkomitees in den Vereinigten Staaten, seine Broschüre «Ein Biblischer Beweis, dass die Sonne auf und unter geht und die Erde auf einem von Gott gebauten Fundament steht». Der erste Satz der Schrift lautet: «Die Erde steht, die Sonne geht.» So ist der Slogan, den Dönni und vor ihm andere verwendet haben, in den Vereinigten Staaten angekommen.

Ihre grösste Verbreitung findet die Theorie von der Scheibenerde erst ab der Mitte des 20. Jahrhunderts. Noch immer orientieren sich die Flacherdler an den Regeln der etablierten Wissenschaft. Sie rechnen, experimentieren und beweisen, was das Zeug hält. Laut dem Wissenschaftsforscher Michael Hagner imitiert die Pseudowissenschaft die Ideologie der exakten Naturwissenschaft, nicht aber deren Praxis, die darin besteht, eine neue Erkenntnis oder Tatsache in mehreren Anläufen zu erhärten und Falsifikationen zu akzeptieren. Den Theoretikern der Scheibenerde reicht als Beweis nach wie vor eine einzige Alltagsbeobachtung, ein Messergebnis oder ein Foto.

Was sich ändert: Das biblische Fundament der Theorie verliert an Bedeutung. Dafür erstarkt der Aspekt der Verschwörung, der schon bei Rowbotham angelegt ist.

Mehr denn je kämpfen die Flacherdler gegen Eliten aus Wissenschaft und Politik, die das Volk belügen und für dumm verkaufen würden. 1956 gründet der Werbetexter Samuel Shenton im englischen Dover die Flat Earth Society. Seine Vereinigung sieht der Sohn eines Feldweibels als Nachfolgerin der Universal Zetetic Society der Lady Blount. Er gewichtet die Wissenschaftlichkeit der Argumente höher als den Glauben an die Bibel. Unermüdlich hält er Vorträge in Jugendklubs und vor Studierenden, tritt im Fernsehen auf und schreibt in Zeitungen. Als Shenton um 1970 die ersten Bilder von der Erde im All sieht, weist er sie als Studioaufnahmen zurück. Seither gelten unter Flacherdlern Fotos von der runden Erde als Fälschungen: Die Nasa lüge, die Schwerkraft existiere nicht.

Die Flat Earth Society besteht noch immer. Sie war noch nie so gross wie heute: Eigenen Angaben zufolge hat sie 3000 Mitglieder. Auf Social Media tummeln sich Gruppen mit noch viel mehr Anhängern, die der Scheibenlehre folgen. Laut einer Umfrage von 2023 halten 16 Prozent der Französinnen und Franzosen zwischen 18 und 24 Jahren eine flache Erde für möglich.

Mit dem Internet hat sich der Charakter der Erdscheiben-Freunde nochmals verändert. In die verbissene Verschwörungstheorie mischen sich popkulturelles Vergnügen und die Lust an der klickgenerierenden Provokation. Man sucht im Netz Spuren nach verdeckten Wahrheiten und findet in Filmen Hinweise auf verschlüsselte Botschaften, man bringt Lehrerinnen und Lehrer ins Schwitzen und spielt sich bei Gleichaltrigen mit Geheimwissen auf. Dass der Glaube bis zum Tod halten wird wie bei Melchior Dönni, ist eher unwahrscheinlich.

Dönni erinnert daran, was der Siegeszug der Naturwissenschaften verdeckt: Dass die Wissenschaften schon immer beides gewesen sind, wissenschaftlich und unwissenschaftlich, rational und irrational, objektiv und subjektiv. Die Naturwissenschaften haben die Deutungshoheit für jegliche Welterklärung erlangt, vom sich ausdehnenden All bis in den nicht weniger unendlichen Nanobereich. Ihr Wissen ist sakrosankt. Doch die Grenze, die Wissenschaften und Pseudowissenschaften trennt, ist durchlässig. Die etablierten Wissenschaften verändern sich stets und mit ihnen die von ihnen marginalisierten Pseudowissenschaften. Was einmal Wissenschaft war, kann zur Pseudowissenschaft werden und umgekehrt.

Noch im 17. Jahrhundert war die Astrologie eine angesehene Wissenschaft, die von den Fürstenhöfen gefördert wurde, bevor die Astronomie aufkam und ihre Vorgängerin als unwissenschaftlich abtat. Im Mittelalter wurden Alchemie und Chemie die längste Zeit neben- und miteinander praktiziert. Dann verstiess die Chemie die Alchemie. Noch Isaac Newton, der das Gravitationsgesetz formulierte, das die «Flatearther» nicht anerkennen wollten, war fasziniert von der Alchemie, und Johannes Kepler beschäftigte sich mit Astrologie. Die Wissenschaften liebäugelten mit einem esoterischem Denken, das von einer alles durchdringenden kosmischen Energie und wesenhaften Entsprechungen zwischen Menschen und Planeten, Mineralien und Pflanzen ausging.

Dieses Denken scheint an Attraktion zu gewinnen. Heute sehen Naturwissenschaftlerinnen und Naturwissenschaftler die Erde wieder als ein dynamisches Gesamtsystem. Für die Biologin Kerstin Hoppenhaus ist alles auf unserem Planeten, von der Materie bis zu den Lebewesen, vom Atom bis zur Atmosphäre, «biogeochemisch» miteinander verbunden.

In Dönnis Worten: Was die kleinste Blume ereilt, hat seine Entsprechung im All.

Mit den Kindern in der Küche

Eine der vielen Fragen, die Melchior Dönni und sein Werk aufwerfen, lässt mich nicht los: Hat der Senn je mit anderen darüber sprechen können, was ihn über die Jahre beschäftigt, beglückt und schliesslich auch bedrückt hat? Das Bedürfnis, anderen seine Gedanken und sein Weltbild mitzuteilen, hat Dönni zweifellos verspürt, sonst hätte er weder seine Schriften veröffentlicht noch eines seiner Reliefs patentieren lassen.

Als ich Melchior Dönnis Enkel wieder einmal besuchte, um mit ihm über das im Entstehen begriffene Buch zu seinem Grossvater zu reden, und mich bereits von ihm verabschieden wollte, kam ihm plötzlich eine Erinnerung seines Vaters Ludwig in den Sinn, über die ich hocherfreut war. Der Enkel und ich sassen in seinem Arbeitszimmer, vor uns auf dem Tisch lagen Melchior Dönnis Testament, sein Druckstock mit der Karte der flachen Erde und Fotos der Familie. Vor den grossen Fenstern drangen die ersten morgendlichen Sonnenstrahlen durch den Herbstnebel, die wir begrüssten, nicht ohne Melchiors zu gedenken, des Sonnenfreunds.

Sein Vater, Ludwig Dönni, habe ihm einmal erzählt, sagte der Enkel zu mir, wie er, Ludwig, als kleiner Bub mit seinem Vater Melchior in der Küche sass und Zeitungspapier zerkaut habe, aus dem sie Papiermaché hergestellt und den Eiswall des Reliefs geformt hätten. Das heisst: Melchior Dönni hat seine Reliefs nicht allein, nicht verschwiegen und abgeschieden im Keller, sondern mit seinen Kindern gebaut.

Ich sehe die Szene vor mir: Melchior Dönni, der sechzigjährige Familienvater, sitzt mit den jüngsten Söhnen, mit Karl, Gottfried und dem erst vierjährigen Ludwig, am Küchentisch. Zusammen erschaffen sie das Relief. Auf dem Boden liegen Fetzen des «Luzerner Tagblatts», Leim klebt an den Haaren, die Hände sind voller Farbe. Fröhlich streichen die Kinder die Eismauer am Südpol weiss. Der Vater bringt auf dem Relief die Beschriftungen an. Er mahnt die Söhne zur Vorsicht, damit die Buchstaben nicht verwackeln. Seine Frau schaut ihm über die Schulter und schüttelt den Kopf. Mit der Scheibentheorie kann sie nichts anfangen. Melchior Dönni weiss, was sie denkt. Vergesst nicht aufzuräumen, sagt sie.

Melchior Dönni erklärt den Söhnen, dass der Eiswall das Meerwasser am Abfliessen hindere. Ohne diese Mauer würde die Erde austrocknen. Er erzählt ihnen, wie die Reuss vom Gotthard ins Meer und von dort bis an den äussersten Rand der Welt ströme. Die Kinder hören ihm mit grossen Augen zu. Sie fragen ihn, wie lange es dauere, bis das Reusswasser an der Eismauer angekommen sei und warum es dort nicht gefriere. Sie wollen wissen, weshalb das Eis unter der Sonne nicht schmelze. Karl wendet zögerlich ein, der Lehrer habe ihnen erläutert, die Erde sei eine Kugel und kreise um die Sonne.

Das habe er als Kind in der Schule auch lernen müssen, sagt der Vater, aber es sei offensichtlich, dass die Sonne über der Erde kreise und diese still im All stehe. Die Lehrer seien nicht auf dem neuesten Stand des Wissens, erläutert er geduldig, bald schon würden sie die Schulkinder anhand des Reliefs unterrichten, das sie hier in der Küche bauten, und zwar nicht nur in Luzern, sondern in der ganzen Schweiz, ja auf der ganzen Welt. Traut dem, was ihr seht und versteht, nicht dem, was man euch lehrt, sagt der Vater. Allerdings ersetzen die Augen den Verstand nicht, fügt er an. Abends geht die Sonne nicht in Basel unter, was wir von der Rigi aus gesehen haben, trügt, in Wirklichkeit gleitet sie über Amerika, aber so weit kann das menschliche Auge nicht sehen.

Die Söhne nicken. Schösse die Erde durchs All, wie der Lehrer behaupte, würden die Bäume vom Fahrtwind ausgerissen und wie Zündhölzer durch die Luft gewirbelt, erklärt Ludwig. Jetzt nickt der Vater. So hätte er gern mit seinem Vater geredet oder mit dem Lehrer. Hätte er sich frei äussern dürfen, wäre er gern und länger zur Schule gegangen. Aber der Schüler «muss lernen, was ihm der Lehrer befiehlt; er darf höchstens denken, das kann nicht so sein», schreibt Dönni in seiner ersten Broschüre. Der Vater bietet seinen Söhnen, was ihnen die Schule versagt. Dass die Menschen auf einer dünnen Oberfläche leben, die jederzeit unter dem Druck explodierender Feuer bersten kann, dass die Apokalypse bevorsteht und die Sonne wie eine Rakete durchs All jagen wird, verschweigt Dönni. Er will die Kinder nicht ängstigen.

Ich glaube, dass Melchior Dönni darunter gelitten hat, dass er sein Wissen mit niemandem teilen konnte. Nur seine Kinder hören ihm zu, nur sie stellen Fragen und bringen ihre Ideen ein. Mit ihnen tauscht er sich über die Erdscheibe aus. Hier kommt die andere Seite des Mannes zum Vorschein, der seinen Erstgeborenen enterbt und die Töchter hintanstellt. Vielleicht hat er mit seinem patriarchalen Handeln seinen intellektuellen Nonkonformismus kompensiert; er hat sich eine Sicherheit verschafft, die ihm sein Denken je länger, desto weniger geboten hat. Geschärft hat er sein radikales Weltbild mit seinen jungen Söhnen in der Küche.

Mit den Kindern am Relief arbeitend, erlebt Dönni eine Verbundenheit mit anderen Menschen, die er sonst nicht kennt. Der Frieden und die Harmonie, die ihm für die ganze Welt vorschweben, hat er in den beglückenden Stunden mit den Kindern erfahren. Mit ihnen fühlt er sich eins. Vor ihnen braucht er sich für seine Ansichten nicht zu schämen. Sie nehmen ihn ernst, sie glauben ihm. Mit ihnen überwindet Melchior Dönni den platten Gedanken, die Erde sei ein Globus.

An jenem Herbstmorgen, als die Sonne sich anschickte, vor seinem Arbeitszimmer vorbeizuwandern, gab der Enkel mir einen weiteren überraschenden Satz mit, der mich weniger erfreute denn irritierte: Sein Grossvater sei ein Blender gewesen, und ich, der Autor des Buchs, ihm auf den Leim gekrochen. Viel zu wohlwollend falle meine Einschätzung des Käsers aus. Des Enkels Augen blitzten angriffslustig.

Damit hatte ich nun wirklich nicht gerechnet. In seinem Brief an die Zeitungsredaktion, der die Entstehung dieses Buch ausgelöst hat, hatte der Enkel mir zurecht vorgehalten, ich hätte zu leichtfertig und arrogant über seinen Grossvater geurteilt. Jetzt stand ich als dessen unkritischer Bewunderer da.

Natürlich war mir bewusst, dass ich für den Senn Sympathien hegte, die im Lauf der Arbeit sogar noch gewachsen waren. Hatte ich ihn zunächst als kauzigen Aufschneider charakterisiert, so entdeckte ich nach und nach den originellen Denker und furchtlosen Aufklärer, der in seelische Not geriet, weil er intellektuell isoliert blieb. In seinen Schriften kam ich ihm näher. Dönni wurde für mich zum heroischen Anti-Helden, der sich gegen alle stellt, der Lessing von Luzern, der Don Quijote von der Löwenstrasse. Aber war ich wirklich daran, eine Hagiografie zu schreiben?

Der Enkel hatte mit seiner Provokation, ich hätte mich von seinem Grossvater blenden lassen, nicht Recht, aber auch nicht Unrecht. Wieder hatte er einen neuralgischen Punkt getroffen. Sogar die leicht grössenwahnsinnigen Züge des Senns fesselten mich, der einfach so behauptete, alle Gelehrten irrten, obschon er die Astronomie nur als Dilettant betrieb und nie an einer Universität studiert hatte. Die Härte gegenüber seinem ältesten Sohn befremdete mich. Sie liess mich nicht kalt. Zweifellos identifizierte ich mich mit Dönni, wie ich realisieren musste. Aber wieso?

Seit ich in Erfahrung gebracht hatte, dass Melchior Dönni von Beruf Käser gewesen war, hatte ich an meinen Vater denken müssen. Auch er war Käser gewesen. Er ist der letztgeborene Sohn, auch seine älteren Brüder erlernten den Beruf des Käsers, wie ihr Vater, mein Grossvater. Ihn habe ich als furchteinflössenden Mann in Erinnerung. Widerspruch duldete er nicht, seine drei Söhne hatten in seine Fussstapfen zu treten. Er führte sich als Käsebaron auf, obschon er keiner war. 1901 wurde er geboren, ein Jahr, bevor Melchior Dönni sein Erdrelief patentieren liess. Davon hätte mein Grossvater nichts gehalten. Er hielt es mit den Siegern, aber nicht mit denen aus der Wissenschaft. Seine Helden hiessen Papst Johannes Paul II. und Winston Churchill.

Käser Dönni hob meine männlichen Vorfahren und Nachfahren in mein Bewusstsein. Während ich an diesem Buch schrieb, geriet ich ins patrilineare Sinnieren, unablässig musste ich über das Verhältnis von Vätern und Söhnen nachdenken. Das Drama von Dönni senior und junior beelendete mich umso mehr, als ich wusste, dass ich bald nochmals Vater eines Sohns werden würde. Wer würde kein guter Vater sein wollen? Auch Melchior Dönni hatte nichts anderes im Sinn.

Mein Vater wurde nicht freiwillig Käser, sondern von seinem Vater in die Familientradition gezwungen. Immerhin hatte er als Letztgeborener nicht den Namen des Vaters zu tragen, diese Ehre kam dem Erstgeborenen zu. Mein Vater erzählte mir, wie er schon als Junge im väterlichen Betrieb, der Emmentaler herstellte, täglich mithelfen musste. Die riesigen Käselaibe hatte er zu schultern, obschon ihn der Rücken schmerzte. Noch heute tun ihm die Schultern weh. Sie sind deformiert. Anders als seine Brüder scherte mein Vater aus. Nach der Lehre gab er das Käsen auf und wurde Schweinezüchter. Auch diese Tätigkeit mochte er nicht, aber sie war ihm nicht unvertraut. Als Bub hatte er die bei der Käseproduktion abfallende Molke an die Schweine verfüttert. Mit ihnen kannte er sich aus.

Mein Vater glaubte nicht, die Erde sei eine Scheibe, ebenso wenig wie meine Mutter. Meine Eltern hatten keine Lust am Häretischen. Sie hätten höchstens Dönnis Konfession geteilt, meine Mutter vielleicht noch seinen Pazifismus. In ihrem Schlafzimmer stand auf der Kleiderkommode die Jungfrau Maria auf dem Erdglobus. Mit ihren nackten Füssen zertrat sie die Schlange des Streits und der Zwietracht.

Die Leidenschaft meines Vaters war nicht das Relief, sondern sein Rennrad. Als Junge hätte er gerne eines gehabt, doch sein Vater verbot es ihm: Er brauche keines, die Arbeit gehe vor. Nachdem mein Vater als Erwachsener endlich selbst ein Rennrad erworben hatte, schoss er jede Minute seiner Freizeit über die umliegenden Hügel und die höchsten Alpenpässe. Stolz brachte er Trophäen mit nach Hause. Noch immer dreht er in Rennmontur und mit Klickpedalen seine Runden. Die Erde steht, mein Vater fährt.

Mein Vater wünschte sich nicht, ich würde Käser oder Schweinezüchter, er gab mir auch nicht seinen Namen. Er legte mir das Schreinerhandwerk ans Herz und schenkte mir und meinem Bruder je ein Rennrad. Ein paar Mal bezwangen wir einige Thurgauer Anhöhen. Dann besuchte ich zur Freude meiner Mutter das Gymnasium, an den freien Nachmittagen spielte ich Fussball und wurde Vegetarier. Mein Vater machte mir keine Vorwürfe.

Mein erstgeborener Sohn, der nicht einmal meinen Familiennamen trägt und weder Bücher schreibt noch Butter produziert, besitzt drei Rennräder. Seinem kleinen Sohn, meinem Enkel, hat er soeben ein hölzernes Laufrad geschenkt. Mit viel Geduld hat mein Sohn mich dazu gebracht, dass ich mir ein Rennvelo gekauft habe. Wenn wir zusammen ausfahren, könnte er mich abhängen, aber er füttert mich mit Gummibärchen, wenn ich keine Kraft mehr habe, und wartet auf mich, damit wir gemeinsam auf dem Pass ankommen.

Dort stehen wir neben unseren Rädern und schauen der Sonne nach, die untergeht.

Anhang

Melchior Dönnis Broschüren

Wie sich ein Ungelehrter das Weltall denkt (um 1899)

Was man sieht, das lebt und schwebt und wächst, war nichts, wurde klein, dann groß, nahm ab und wurde wieder zu nichts. Betrachte z. B. eine Kuh, die war vor ein paar Jahren noch nirgends; es kam das Kalb, wuchs langsam, so daß man sein Wachsen in einem Tage, später in einem Monate kaum beobachten konnte, und doch war das Kalb in drei Jahren ausgewachsen, und eine Kuh dauert ein paar Jahre, geht hin und bald ist nichts mehr davon da.

Die Blume wächst schneller, ein paar Tage oder Wochen, ist aber auch ebenso schnell wieder hin, und doch sieht man sie eigentlich nicht wachsen und verwelken.

Was schnell wächst, ist schnell hin, aber alles ist zuerst nichts, muß den Anfang, bann die Vollendung, einen gewissen Bestand, das Alter und schließlich den Verfall in nichts durchwandern. So verhält es sich vom kleinsten Wesen bis zum größten, wenn es auch tausend ja millionen Jahre zu seiner vollständigen Bildung braucht, hat demnach dessen Bestand, Alter und Zerfall in nichts eine ebenso lange Dauer zu durchwandern.

Da sich fortwährend Neues bildet und Altes stirbt, so dient der Verfall dem neu zu Bildenden fortwährend zu Stoff und Nahrung, und so wird es auch mit unserer Erde, Sonne, Mond und Sternen fein. Die Erde wird, zuerst ein Nichts, dann klein, jetzt dem Zustande der vollkommenen Bildung nahe, in millionen Jahren als brennbarer Stern oder Sonne und wieder in millionen Jahren den Zerfall in Nichts durchzumachen haben. Daß man unter solchen Umständen während eines Menschenalters und auch während Jahrtausenden unbedeutende Veränderungen an derselben wahrnehmen kann, ist durch diese langsame Bildung begreiflich.

Zur gegenwärtigen Bildung muß der Erde Anfangsstadium viel tiefer und von der Sonne entfernter gewesen sein und ihr von gewisser Seite die Nahrung zu solch großer Gestaltung reichlich zugeflossen sein. In welcher Form und Art dieselbe aber gewesen ist, ist eine Frage, die zu großen Widersprüchen führen kann.

Betrachtet man die verschiedenen Steine, Erde, Mineralien, die sich auf der Erdoberfläche und im Innern derselben vorfinden und die jetzt noch auf die Erde fallenden Meteorsteine, so könnte angenommen werden, sie seien von absterbenden Himmelskörpern entstanden und gebildet worden, daß die Erde höher und höher steigt und sich nach und nach in brennbare Stoffe verwandelt, um dann in entzündetem Zustande, gleich der Sonne oder den Sternen, ihre Flugkraft zu erhalten und neu sich bildenden Welten Licht und Wärme zu spenden, um dann in ferner Zeit auf denselben ihr Grab und Ruhe zu finden, durch die Allmacht und Güte Gottes gleich dem kleinsten Geschöpfe, das ersteht und vergeht, kann geglaubt, bestritten und anerkannt werden.

Erlaube mir, das Werden und Vergehen unserer Erde in obgenanntem Sinne zu denken und zu glauben, und zugleich mir vorzustellen, zu denken und sogar noch zu behaupten, die Erde bleibe stehen und die Sonne umkreise deren Oberfläche täglich einmal und zwar aus folgenden natürlichen, greifbaren und sichtbaren Gründen:

Daß unsere Erdoberfläche nicht rund ist, beweist sichtbar jedes Wässerlein, und ist es noch so klein, so lauft es bei freiem Lauf immer der Tiefe zu, und fällt es nur einen Zoll auf 100 Fuß. Jeder Bach läuft der tiefsten Stelle, dem See oder Flusse, dieser wieder dem noch tiefer liegenden Meere zu und zwar nicht nur diesseits, sondern auch jenseits demselben. Folglich erheben sich alle Berge der Erde eine gewisse Höhe über die Meerestiefe oder -Fläche. Wie will dann auf solche sichtbare Weise die Erdoberfläche eine Kugelgestalt haben können und sich dazu noch ohne merkliche Zeichen des Meeres überdrehen.

Da heißt es, das Meer sei rund aus dem Grunde, weil man auf demselben die Schiffe zuerst an den obersten Spitzen erblicke. Allein da ist auf jeden Fall nicht die Ründe des Meeres schuld, sondern daß die Luft je höher je reiner ist und folglich auch je höher je durchsichtiger sein muß, und daher das menschliche Auge die obersten Teile eines Schiffes eher wahrnehmen kann als die untersten. Jeder Baumeister anerkennt die Wasserwage und den Senkel als die untrüglichsten Meßinstrumente. Jede einfache Wasserwage würde bei ruhigem Meer und gleichmäßiger Belastung auf den Schiffen die Ebene und nicht die Ründe beweisen, und das Meer selbst, als die größte Wasserwage, müßte entschieden jede einseitige Hebung oder gar Ueberdrehung der Erde kund tun; ebenso müßte ein Senkel, von einem hohen Punkt in die Tiefe gelassen, dieselbe anzeigen. Würde die Erde sich um die Sonne bewegen, so müßte bei der großen Schnelligkeit, die dieselbe nur in einer Minute zurückzulegen hätte, bei stillem, bewölktem Himmel ganz bestimmt wahrzunehmen sein, und eine Kugel, die senkrecht einige tausend Meter in die Höhe geschossen worden, weit an einer andern Stelle zur Erde fallen, gleich wie wenn auf einem schnellfahrenden Schiffe eine solche in senkrechter Linie in die Höhe geschossen würde, dieselbe nicht auf das gleiche Schiff niederfiele.

Eine Reise um die Welt muß eine Rundreise auf deren Fläche sein, kann auch eine solche um deren Nordpol sein.

Daß ein solcher, der Jahre lang mit Zuhilfenahme der besten Instrumente die Naturkunde und das Gestirn studiert hat, mehr weiß und wissen kann, als ein gewöhnlicher ungelehrter Erdenbürger zu begreifen im stande ist, wird zugegeben, da der Verstand und das Auge trügen kann, namentlich da ein solcher keinen Begriff von den Instrumenten hat, womit die Gelehrten mit Sicherheit die Beschaffenheit, Grösse, Schwere und Entfernung der Himmelskörper messen und wägen können, während sich ein gewöhnliches Menschenkind sogar an einem Heustock vermessen und verrechnen kann.

Daß die Gelehrten, die Jahre lang aus den Büchern und Darstellungen gelernt, studiert und sich die Sache eingeprägt haben, die mit allen Fasern ihres Herzens an derselben festhalten, vor denen jede noch so handgreifliche Meinung keine Gnade findet und daher dieselbe mit allem ihnen zu Gebote stehenden Mitteln bekämpfen, ist begreiflich, jedoch nicht für jedermann maßgebend.

Wenn Tatsachen gelehrt und zu glauben befohlen werden, die auch der gewöhnliche Mensch als sichtbaren Irrtum von ferne fühlt und einsieht, wird schließlich geglaubt, was zu sehen und zu begreifen ist. Es ist schon nicht gut, namentlich an Glaubenssachen kirchlicher und göttlicher Natur, zu rütteln. Da finde ich den Glauben als notwendig und bleibt jeder am besten bei dem, was er gelernt hat und wie er auferzogen worden ist, da jede Religion ihr Gutes und Edles an sich hat. Allein was die Naturkunde anbelangt, hat jeder gereifte Mann das Recht, seine Forschung und Meinung hierüber zu sagen und zu denken, wie er dieselbe auffaßt und versteht. Für einen Schüler ist dies etwas anderes. Der muß lernen, was ihm der Lehrer befiehlt; er darf höchstens denken, das kann nicht so sein und so war es bei meiner kurzen Schulzeit der Fall, wenn uns der Herr Lehrer erzählte, die Erde sei eine Kugel, also rund und das Meer auch, die Welt drehe sich täglich um, so daß wir bald oben und dann wieder unter derselben zu stehen kommen; das Meer und das Wasser klebe so an der Erdkugel, wie man einen Kessel voll Wasser schwingen könne und keines herausfalle, und uns das Meer auf die Tafel zeichnete, wie dasselbe rund sei, so daß die Schiffe auf der einen Seite hinauf und auf der andern hinab zu fahren haben, so dachte ich, das kann nicht sein, und je mehr ich darüber nachdachte, um so weniger ich dasselbe glauben und begreifen konnte und daher diese kleine Schrift erfolgte.

Wie sich ein Ungelehrter das Weltall denkt!

Wie man sich das Weltall denken kann (1902)

Was man sieht, das lebt und schwebt und wächst, war nichts, wurde klein, dann groß, nahm ab und wurde wieder zu nichts.

Betrachte z. B. eine Kuh, die war vor ein paar Jahren noch nirgends; es kam das Kalb, wuchs langsam, so daß man sein Wachsen in einem Tage, später in einem Monate kaum beobachten konnte, und doch war das Kalb in drei Jahren ausgewachsen, und eine Kuh dauert ein paar Jahre, geht hin und bald ist nichts mehr davon da.

Die Blume wächst schneller, ein paar Tage oder Wochen, ist aber auch ebenso schnell wieder hin, und doch sieht man sie eigentlich nicht wachsen und verwelken.

Was schnell wächst, ist schnell hin, aber alles ist zuerst nichts, muß den Anfang, dann die Vollendung, einen gewissen Bestand, das Alter und schließlich den Verfall in nichts durchwandern. So verhält es sich vom kleinsten Wesen bis zum größten, wenn es auch tausend, ja millionen Jahre zu seiner vollständigen Bildung braucht, hat demnach dessen Bestand, Alter und Zerfall in nichts eine ebenso lange Dauer zu durchwandern.

Da sich fortwährend Neues bildet und Altes stirbt, so dient der Zerfall dem neu zu Bildenden fortwährend zu Stoff und Nahrung, und so wird es auch mit unserer Erde, Sonne, Mond und Sterne sein. Die Erde wird, zuerst ein Nichts, dann klein, jetzt dem Zustande der vollkommenen Bildung nahe, in millionen Jahren als brennender Stern oder Sonne und wieder in millionen Jahren den Zerfall in Nichts durchzumachen haben. Daß man unter solchen Umständen während eines Menschenalters und auch während Jahrtausenden unbedeutende Veränderungen an derselben wahrnehmen kann, ist durch diese langsame Bildung begreiflich.

Zur gegenwärtigen Bildung muß der Erde Anfangsstadium viel tiefer und von der Sonne entfernter gewesen sein und ihr von gewisser Seite die Nahrung zu solch großer Gestaltung reichlich zugeflossen sein. In welcher Form und Art dieselbe aber gewesen ist, ist eine Frage, die zu großen Widersprüchen führen kann.

Betrachtet man die verschiedenen Steine, Erde, Mineralien, die sich auf der Erdoberfläche und im Innern derselben vorfinden, und die jetzt noch auf die Erde fallenden Meteorsteine, so könnte angenommen werden, sie seien von absterbenden Himmelskörpern entstanden und gebildet worden, daß die Erde höher und höher steigt und sich nach und nach in brennbare Stoffe verwandelt, um dann in entzündetem Zustande, gleich der Sonne oder den Sternen, ihre Flugkraft zu erhalten und neu sich bildenden Welten Licht und Wärme zu spenden, um dann in fernen Zeiten auf denselben Grab und Ruhe zu finden, durch die Allmacht und Güte Gottes gleich dem kleinsten Geschöpfe, das ersteht und vergeht, kann geglaubt, bestritten und anerkannt werden.

Erlaube mir, das Werden und Vergehen unserer Erde in obgenanntem Sinne zu denken und zu glauben, und zugleich mir vorzustellen, zu denken und sogar noch zu behaupten, die Erde bleibe stehen und die Sonne umkreise deren Oberfläche täglich einmal und zwar aus folgenden natürlichen, greifbaren und sichtbaren Gründen:

Dass unsere Erdoberfläche nicht rund ist, beweist sichtbar jedes Wässerlein, und ist es noch so klein, so läuft es bei freiem Lauf immer der Tiefe zu, und fällt es nur einen Zoll auf 100 Fus. Jeder Bach läuft der tiefsten Stelle, dem See oder Flusse, dieser wieder dem noch tiefer liegenden Meere zu und zwar nicht nur diesseits, sondern auch jenseits demselben. Folglich erheben sich alle Berge der Erde eine gewisse Höhe über die Meerestiefe oder -Fläche. Wie will dann auf solche sichtbare Weise die Erdoberfläche eine Kugelgestalt haben können und sich dazu noch ohne merkliche Zeichen des Meeres überdrehen?

Da heißt es, das Meer sei rund aus dem Grunde, weil man auf demselben die Schiffe zuerst an den obersten Spitzen erblicke. Allein da ist auf jeden Fall nicht die Runde des Meeres schuld, sondern daß die Luft je höher je reiner ist, und folglich auch je höher je durchsichtiger sein muß, und daher das menschliche Auge die obersten Teile eines Schiffes eher wahrnehmen kann als die untersten. Jeder Baumeister anerkennt die Wasserwaage und den Senkel als die untrüglichsten Meßinstrumente. Jede einfache Wasserwaage würde bei ruhigem Meer und gleichmäßiger Belastung auf den Schiffen die Ebene und nicht die Ründe beweisen, und das Meer selbst, als die größte Wasserwaage müßte entschieden jede einseitige Hebung oder Ueberdrehung der Erde kund tun; ebenso müßte ein Senkel, von einem hohen Punkt in die Tiefe gelassen, dieselbe anzeigen. Würde die Erde sich um die Sonne bewegen, so müßte bei der großen Schnelligkeit, die dieselbe nur in einer Minute zurückzulegen hätte, bei stillem, bewölktem Himmel ganz bestimmt wahrzunehmen sein, und eine Kugel, die senkrecht einige tausend Meter in die Höhe geschossen worden, weit an einer andern Stelle zur Erde fallen, gleich wie wenn auf einem schnellfahrenden Schiffe eine solche in senkrechter Linie in die Höhe geschossen würde, dieselbe nicht auf das gleiche Schiff niederfiele.

Eine Reise um die Welt muß eine Rundreise auf deren Fläche sein, kann auch eine solche um deren Nordpol sein.

Daß ein solcher, der jahrelang mit Zuhilfenahme der besten Instrumente die Naturkunde und das Gestirn studiert hat, mehr weiß und wissen kann, als ein gewöhnlicher, ungelehrter Erdenbürger zu begreifen im stande ist, wird zuzugeben, da der Verstand und das Auge trügen kann, namentlich, da ein solcher keinen Begriff von den Instrumenten hat, womit die Gelehrten mit Sicherheit die Beschaffenheit, Größe, Schwere und Entfernung der Himmelskörper messen und wägen können, während sich ein gewöhnliches Menschenkind sogar an einem Heustock vermessen und verrechnen kann.

Daß die Gelehrten, die jahrelang aus den Büchern und Darstellungen gelernt, studiert und sich die Sache eingeprägt haben, die mit allen Fasern ihres Herzens an derselben festhalten, vor denen jede noch so handgreifliche Meinung keine Gnade findet und daher dieselbe mit allem ihnen zu Gebote stehenden Mitteln bekämpfen, ist begreiflich, jedoch nicht für jedermann maßgebend.

Wenn Tatsachen gelehrt und zu glauben befohlen werden, die auch der gewöhnliche Mensch als sichtbaren Irrtum von ferne fühlt und einsieht, wird schließlich geglaubt, was zu sehen und zu begreifen ist. Es ist schon nicht gut, namentlich an Glaubenssachen kirchlicher und göttlicher Natur, zu rütteln. Da finde ich den Glauben als notwendig und bleibt jeder am besten bei dem, was er gelernt hat und wie er auferzogen worden ist, da jede Religion ihr Gutes und Edles an sich hat. Allein was die Naturkunde anbelangt, hat jeder gereifte Mann das Recht, seine Forschung und Meinung hierüber zu sagen und zu denken, wie er dieselbe auffaßt und versteht. Für einen Schüler ist dies etwas anderes. Der muß lernen, was ihm der Lehrer befiehlt; er darf höchstens denken, das kann nicht so sein und so war es bei meiner kurzen Schulzeit der Fall, wenn uns der Herr Lehrer erzählte, die Erde sei eine Kugel, also rund und das Meer auch, die Welt drehe sich täglich um, so daß wir bald oben und dann wieder unter derselben zu stehen kommen; das Meer und das Wasser klebe so an der Erdkugel, wie man einen Kessel voll Wasser schwingen könne und keines herausfalle, und uns das Meer auf die Tafel zeichnete, wie dasselbe rund sei, so daß die Schiffe auf der einen Seite hinauf und auf der andern hinab zu fahren haben, so dachte ich, das kann nicht sein, und je mehr ich darüber nachdachte, um so weniger ich dasselbe glauben und begreifen konnte.

Daß die Sonne viele Millionen Meilen von der Erde entfernt ist, ist unmöglich, erstens reicht der Gesichtskreis des menschlichen Auges bei weitem nicht so weit. In einer Entfernung von 10 000 Kilometer mit dem irdischen, menschlichen Auge noch Gegenstände wahrzunehmen, wird wohl die weiteste Entfernung sein, die auf natürliche Art das Auge ersehen kann. Die höchsten Berge erreichen 8 Kilometer über die Meeresoberfläche, folglich ist eine Höhe von 100 Kilometern schon eine beträchtliche Höhe, und daß man auf Millionen von Meilen noch die Sonnenwärme fühlen würde, ist unglaublich und gar nicht denkbar. Auf einer Höhe von 2 Kilometern wird unser Gesichtskreis über die Erde zirka 100 Kilometer sein, auf einer Höhe von 20 Kilometer würde er demnach 1000 Kilometer, und in einer Höhe von 400 Kilometer 20 000 Kilometer sein. Somit ist die Sonne im stande, von einer Höhe von ca. 400 Kilometern die Hälfte unserer Erdoberfläche zu bescheinen und zu beleuchten, und von den Erdbewohnern ist dieselbe in ihrem Kreislauf zu sehen und zu fühlen, was auf Millionen Meilen Entfernung auf natürliche Art nicht sein kann. Die Entfernung vom Nordpol, welcher sich in der Mitte der Erdoberfläche befindet, und die äußerste Grenze der Erde, welche mit unübersteiglichen Eismassen bekränzt ist, wird sich daher ebenfalls im Bereiche der Beleuchtung befinden. Da die Sonne die Erde in 24 Stunden einmal umkreist und in ihrem Kreislauf die Hälfte der Erde beleuchtet, entsteht Tag und Nacht, und da die Sonne in ihrem Kreislauf um den Nordpol sich sechs Monate nähert und dann wieder sechs Monate entfernt, entsteht Sommer und Winter. Auch läßt sich die Sonnengröße dadurch annähernd berechnen, wenn man weiß, daß ein Luftballon von 5 Meter Durchmesser in einer Höhe von einem Kilometer kaum noch 5 Centimeter zu haben scheint. Die Sonne scheint von der Erde aus einen Meter Durchmesser zu haben, das ergiebt im Verhältnis zur Verkleinerung des Luftballones auf einen Kilometer auf 400 Kilometer eine Größe der Sonne im Durchmesser von ca. 40 000 Kilometer, welches der Wahrscheinlichkeit entspricht, während auf Millionen Meilen Entfernung sich dieselbe ins Unendliche, nicht mehr Berechenbare ausdehnen würde. Die Sonne wird in ihrem Kreislauf um den Nordpol in der Stunde etwas zu 1600 Kilometer durchfliegen, da sie sich in ihrer Laufbahn in der Mitte zwischen dem Nordpol und den äußersten Grenzen des Erdkreises bewegte. Müßte die Erde nach der Millionen-Berechnung die Sonne umkreisen, so müßte dieselbe in der Stunde Millionen Meilen durchfliegen, daß bei einer solchen Schnelligkeit auf der Erde kein Leben mehr möglich wäre, und sich dieselbe nur mehr als feurige Kugel erweisen würde, ist klar.

Daß der Mond noch näher als die Sonne zur Erde seine Laufbahn hat, ergiebt sich aus der Sonnenfinsternis, wo der Mond sichtbar zwischen Erde und Sonne zu stehen kommt. Daß sehr wahrscheinlich der Mond sein Licht von der Sonne bezieht, beweist, daß beständig sein Gesicht sich nach derselben wendet. Steht er nach unserm Gesichtskreis höher als die Sonne, so haben wir Vollmond, steht er tiefer, so können wir seine Lichtseite nicht sehen und haben leeren Mond. Würde er gleich der Sonne in 24 Stunden seinen Kreislauf machen, so würden wir immer den gleichen Mond haben. Bei einer Mondfinsternis scheint die Wahrheit näher zu liegen, daß sich ein Planet oder Stern zwischen der Sonne und dem Mond befindet, als daß dies der Erdschatten bewirken kann. Daß die Erde steht und sich nicht überdreht und die Erdoberfläche nicht rund ist, kann bei gesundem Menschenverstand leicht und fast handgreiflich bewiesen werben und zwar durch jedes Wässerlein, Bäche und Flüsse, die überall auf der ganzen Erdoberfläche stets dem tiefsten Punkte, dem Meere zufließen. Alle Berge, die sich überall zu einer gewissen Höhe über die Meeresfläche erheben, alle Vögel in der Luft, die beim Drehen der Erde nicht zu fliegen brauchten, um in eine andere Gegend zu kommen, die unübersteigbaren Eismassen am Nordpol und sogenannten Südpol, wo die Sonne nicht mehr hinreicht, die warme Zone im Umkreis zwischen Nordpol und Südpol, oder besser gesagt Erdumkreisung, sowie die verschiedenen Tageszeiten beweisen den Kreislauf der Sonne. Da, wo wir in Europa 12 Uhr oder Mittag haben, haben sie in Asien und Australien Abend, in Amerika (Nord- und Südamerika) Morgen und in Afrika ebenfalls Mittag, und überall in diesen Ländern, wo die Sonne senkrecht auf die Erde scheint, ist die wärmste Gegend. Daß die Sonne und der Mond als die speziellen Trabanten der Erde viel näher sein müssen, als bis anhin angenommen würde, beweist in erster Linie das menschliche Auge, das nicht geschaffen ist, um Millionen Meilen weit sehen zu können, nicht einmal 100 000 Meilen. Daß Millionen Meilen von unserer Erde auch noch andere Sonnen, Monde und Sterne existieren, ist wohl möglich unter diesem unendlich großen, ohne Ende ausgespannten Himmelszelt, so daß unsere Sonne, Mond und Erde in Gottes allmächtiger Hand nur ein Kinderspiel bedeutet, und Sonne, Mond und Sterne gleich den Zeigern einer Uhr unsere Erde umkreisen, und von dieses großen, allmächtigen Meisters Hand an sie gebunden sind. Denn das kleinste Wesen bis zum größten durchweht ein Hauch von Gottes Liebe, Weisheit, Güte und Größe. Auch kann der Kreislauf der Sonne über unsere Erdoberfläche durch Relief- ober Erdkarten beweiskräftiger instrumentalisch nachgewiesen werden, als durch den Globus der Kreislauf der Erde um die Sonne, welches für berufene Geister zu ergründen, erforschen und vervollständigen noch ein weites Feld der Arbeit ist.

Bei den gegenwärtigen Verkehrsmitteln, wo bald die ganze Welt mit einander verbunden ist, und daher man den Nordpol so ziemlich genau kennt und weiß, daß derselbe umfahren werden kann, ist es auch möglich, den Südpol zu erforschen, und da wird es sich herausstellen, daß derselbe eine viel weitere Umkreisung erfordert, als der Nordpol, und daß man gegen Süden, Osten, Norden und Westen unübersteigbare Eismassen antreffen wird, wo es heißt, bis hieher, aber nicht weiter. Auch Wind und Wolken sind fühlbare und sichtbare Zeugen des Stilstandes der Erde, indem sie von allen vier Seiten über die Erdoberfläche wehen, was beim Fluge um die Sonne nur einseitig erfolgen könnte. Eine bewunderungswürdige, weise, für den Menschen höchst nützliche Einrichtung ist, daß die Winde in der Höhe viel kälter sind als in der Tiefe, wodurch auch in den wärmeren Zonen die hohen Berge das ganze Jahr mit Eis und Schnee bedeckt bleiben, und dadurch auch in warmer, trockener Jahreszeit die tiefer liegenden Quellen, Flüsse und Seen, Thäler und Gegenden mit frischem Wasser gespeist werben. Die warmen Quellen, Vulkane und die hohe Wärme im Innern der Erde deuten klar auf ein großes, unterirdisches Feuer, welches höchst wahrscheinlich die Schwebekraft der Erde liefert und erzeugt. Faßt man vom natürlichen, vorurteilsfreien Standpunkte die in dieser Schrift enthaltenen handgreiflichen Tatsachen, Beweise und Wahrscheinlichkeiten zusammen, so ergiebt sich klar und überzeugend, daß nur die Erdoberfläche bewohnbar ist und wir somit keine Gegenfüssler haben, und daß die Erde steht und die Sonne geht.

Die richtige und natürliche Benennung der Meeresfläche führt zur Erkenntnis der Erdoberfläche. Da heißt es in allen naturwissenschaftlichen Schriften: dieser Berg, dieses Land, diese Gegend liegt so und so viel Meter über der Meeresfläche, und zwar überall auf der ganzen Erde. Die Weltmeere bilden daher zusammen eine große waagrechte Ebene. Es liegt in der Natur des Wassers, wo kein Gefäll mehr vorhanden ist, sich wagrecht auszuebnen und auszubreiten. Der Nordpol und der sogenannte Südpol, das heißt der äußere Erdkreis, müssen sich deshalb in gleicher wagrechter Höhe über die Meeresfläche erheben und das tiefer liegende Weltmeer zwischen dem Nordpol und äußeren Erdkreis einschließen, und nur dadurch ist es möglich, daß man überhaupt auf der ganzen Erdoberfläche die Höhe und Tiefe nach der Meeresfläche berechnen kann.

Die Erdkunde mit dem Globus, der sich nur mit der Ründe des Meeres halten kann, wird mit der Zeit eine andere Form bekommen. Die Beweise der Ründe des Meeres, die hauptsächlich geltend gemacht ober angeführt werben, daß man auf dem Meere die obersten Teile eines Schiffes, Leuchtturmes ober einer Bergspitze zuerst sehe, beweist nicht die Ründe des Meeres, sondern daß das menschliche Auge auf eine gewisse Entfernung den höher liegenden Gegenstand zuerst wahrnimmt, und erst beim Näherkommen die tieferliegenden Teile sieht, indem, je höher der Gegenstand sich befindet, desto weiter der Gesichtskreis reicht. Wenn man zwei Luftballone aufbläst, den einen 100 Meter, den andern 150 Meter über der Meeresfläche, und sich beide in senkrechter Richtung zu einander entfernen, wird man den, der nur 100 Meter in die Höhe geht, eher untergehen sehen, als den, der 150 Meter hoch geht. Auch der Barometer wird die ebene Fläche des Meeres beweisen. Eine Reise um die Erde, die eigentlich eine Reise um den Nordpol ist, wird sich in der Nähe um denselben viel kürzer erweisen, und nur die Erdteile von Asien, Europa und Nordamerika betreffen, als eine Reise um die Erde gegen den äußern Erdkreis, wo hauptsächlich der Große Ozean, Australien und ein Teil von Afrika und Südamerika in den Bereich der Reise kommen, was zu erforschen mit den gegenwärtigen Verkehrsmitteln von berufener Seite möglich sein wird.

Daß die Erde mit der Zeit an Wassermangel zu Grunde geht und ihre Flugkraft erst in entzündetem Zustand erreicht, beweist, daß die Gletscher beständig schwinden und Meere und Seen ebenfalls. Daß der Gletscher zur Zeit fast die ganze Erdoberfläche bedeckte, find Beweise genug vorhanden; auch der Gletschergarten in Luzern ist ein sichtbarer Zeuge, daß zur Zeit schon einige hundert Meter über Meeresfläche alles mit Eis bedeckt war, und jetzt sind dieselben in hiesiger Gegend schon bis in die höchsten Berge zurückgegangen. Wo sich früher Meere und Seen befanden, haben sich brennbare Stoffe gebildet, wie Moor, Turben, Steinkohlen, Schwefel und Erdöl, und wie das Wasser schwindet, bildet sich solches überall im kleinen wie im großen, und so kann man bestimmt annehmen, daß die Erde das Kindesalter und auch das Jünglingsalter überschritten hat und schon der Reise entgegengeht, um gleich Sonne, Mond und Sterne am weiten Himmelszelt zu leuchten und neuen Welten Licht und Wärme zu spenden.

Welt-All-Erdrelief nach neuster Ansicht (1903)

Was man sieht, das lebt und schwebt und wächst, war nichts, wurde klein, dann gross, nahm ab und wurde wieder zu nichts. Was schnell wächst, ist schnell hin, aber alles ist zuerst nichts, muss den Anfang, dann die Vollendung, einen gewissen Bestand, das Alter und schliesslich den Verfall in nichts durchwandern. So verhält es sich vom kleinsten Wesen bis zum grössten, wenn es auch tausend, ja millionen Jahre zu seiner vollständigen Bildung braucht, hat demnach dessen Bestand, Alter und Zerfall in nichts eine ebenso lange Dauer zu durchwandern.

Da sich fortwährend Neues bildet und Altes stirbt, so dient der Verfall dem neu zu Bildenden fortwährend zu Stoff und Nahrung, und so wird es auch mit unserer Erde, Sonne, Mond und Sterne sein. Die Erde wird, zuerst ein Nichts, dann klein, jetzt dem Zustande der vollkommenen Bildung nahe, in millionen Jahren als brennbarer Stern oder Sonne und wieder in millionen Jahren den Zerfall in nichts durchzumachen haben. Dass man unter solchen Umständen während eines Menschenalters und auch während Jahrtausenden unbedeutende Veränderungen an derselben wahrnehmen kann, ist durch diese langsame Bildung begreiflich. Unstreitig existiert ein Naturgesetz, dem das kleinste Wesen bis zum grössten unterworfen ist und dasselbe wieder ganz bestimmt einem höhern Wesen untergeordnet sein muss.

Dass unsere Erdoberfläche nicht rund ist, beweist sichtbar jedes Wässerlein, und ist es noch so klein, so läuft es bei freiem Lauf immer der Tiefe zu, und fällt es nur einen Zoll auf 100 Fuss. Jeder Bach läuft der tiefsten Stelle, dem See oder Flusse, dieser wieder dem noch tiefer liegenden Meere zu und zwar nicht nur diesseits, sondern auch jenseits demselben. Folglich erheben sich alle Berge der Erde eine gewisse Höhe über die Meerestiefe oder -Fläche. Wie will dann auf solche sichtbare Weise die Erdoberfläche eine Kugelgestalt haben können und sich dazu noch ohne merkliche Zeichen des Meeres überdrehen?

Da heisst es, das Meer sei rund aus dem Grunde, weil man auf demselben die Schiffe zuerst an den obersten Spitzen erblicke. Allein da ist auf jeden Fall nicht die Runde des Meeres schuld, sondern dass die Luft je höher je reiner ist und folglich auch je höher je durchsichtiger sein muss und daher das menschliche Auge die obersten Teile eines Schiffes eher wahrnehmen kann, als die untersten. Da das Menschenauge nur auf eine gewisse Entfernung sieht und eine rundliche Gestalt hat, so kommt demselben das Firmament sowie auch Meer- und Landflächen auf die höchst erreichbare Fernsicht rund zur Ansicht und es bildet sich infolgedessen der menschliche Verstand ein, das Weltall müsse auch rund sein, eben deshalb, weil das Auge zuerst die höher liegenden Gegenstände wahrnimmt. Allein da beweist ebenfalls das weitertragende Fernrohr den Irrtum, indem man durch dasselbe den Gegenstand, den man mit den blossen Augen nur an der obersten Spitze gesehen hat, ganz sieht und noch entferntere Gegenstände wahrnehmen kann. Wäre die durch das blosse Auge gesehene eingebildete Fläche rund, so könnte auch mit dem Fernrohr nicht durch die Ründe gesehen werden und würde nicht weiter gesehen, als mit blossem Auge. Wäre die Sehkraft des Auges stark genug, so könnte man von der Spitze des Pilatus bis Paris, sogar über das Meer bis nach Amerika sehen, ohne dass die eingebildete Ründe der Erde oder des Meeres dies hindern könnte.

Wie weit und auf welche Entfernung das menschliche Auge noch Gegenstände wahrnehmen und sehen kann, könnten am besten die Augenärzte ersehen und feststellen; nach mathematischer und geographischer Berechnung reicht das menschliche Auge auf ebener Fläche ca. 50 Kilometer weit und es heisst, es würde 100 Kilometer weit reichen, wenn die Krümmung der Erde nicht wäre. Nun nehme man aber die Erdkarte zur Hand und sehe, wie winzig klein eine Strecke von 100 Kilometer ist, und da finden sich genug ebene Flächen, von denen man ganz bestimmt weiss, dass dort keine Ründe der Erdoberfläche vorhanden ist und doch scheint es auch da dem menschlichen Auge, als ob die Ründe der Erdoberfläche vorhanden sei und sich dieselbe mit dem scheinbaren Himmelsgewölbe vereinigen würde.

Wie das Auge täuscht und wie wenig weit es reicht, kann jedermann selbst beobachten. Von Luzern aus scheint die Sonne hinter dem Rigi oder Gotthard aufzustehen, obschon sie in Wirklichkeit viele 1000 Kilometer weit ob Asien gerade so steht, wie hier in der Mittagszeit, und am Abend scheint sie in Basel unterzugehen, in Wirklichkeit steht sie aber ob Amerika und tritt ihre 7–8stündige Reise über den Stillen Ocean gegen Asien an. Daran erkennt man klar und deutlich die Täuschung und kleine Fernsicht des menschlichen Auges!

Die ganze mathematisch-geographische riesige geistige Arbeit und Berechnung fusst auf der Kugelgestalt und Ründe der Erdoberfläche, stellt sich aber schliesslich heraus, dass die Ründe der Erdoberfläche gar nicht existiert, was dann? – – – Aus den Ruinen entsteht ein neues, aus leicht erkennbaren wahren Grundsätzen gebautes schönes Gebäude, an dessen Born jedermann klares Wasser trinken kann! Das Erdrelief beweist klar und deutlich die ebene Fläche des Meeres und wiederlegt gründlich die Ründe der Erdoberfläche; auch die Meerestiefen beweisen, dass der Ocean sowohl als die Weltmeere in Becken eingeschlossen sind.

Jeder Baumeister anerkennt die Wasserwage und den Senkel als die untrüglichsten Messinstrumente. Jede einfache Wasserwage würde bei ruhigem Meer und gleichmässiger Belastung auf den Schiffen die Ebene und nicht die Ründe beweisen, und das Meer selbst, als die grösste Wasserwage müsste entschieden jede einseitige Hebung oder gar Ueberdrehung der Erde kund tun; ebenso müsste ein Senkel, von einem hohen Punkt in die Tiefe gelassen, dieselbe anzeigen. Würde die Erde sich um die Sonne bewegen, so müsste bei er grossen Schnelligkeit, die dieselbe nur in einer Minute zurückzulegen hätte, bei stillem, bewölktem Himmel ganz bestimmt wahrzunehmen sein, und eine Kugel, die senkrecht einige tausend Meter in die Höhe geschossen worden, weit an einer anderen Stelle zur Erde fallen.

Dass ein solcher, der jahrelang mit Zuhilfenahme der besten Instrumente die Naturkunde und das Gestirn studiert hat, mehr weiss und wissen kann, als ein gewöhnlicher ungelehrter Erdenbürger zu begreifen im stande ist, wird zugegeben, da der Verstand und das Auge trügen kann, namentlich, da ein solcher keinen Begriff von den Instrumenten hat, womit die Gelehrten mit Sicherheit die Beschaffenheit, Grösse, Schwere und Entfernung der Himmelskörper messen und wägen können, während sich ein gewöhnliches Menschenkind sogar an einem Heustock vermessen und verrechnen kann.

Dass die Sonne viele Millionen Meilen von der Erde entfernt ist, ist unmöglich, erstens reicht der Gesichtskreis des menschlichen Auges bei weitem nicht so weit. In einer Entfernung von 10 000 Kilometer mit dem irdischen, menschlichen Auge noch Gegenstände wahrzunehmen, wird wohl die weiteste Entfernung sein, die auf natürliche Art das Auge ersehen kann. Die höchsten Berge erreichen 8 Kilometer oder 8000 Meter über die Meeresoberfläche, folglich ist eine Höhe von 100 Kilometern schon eine beträchtliche Höhe, und dass man auf Millionen von Meilen noch die Sonnenwärme fühlen würde, ist unglaublich und gar nicht denkbar. Auf einer Höhe von 2 Kilometern wird unser Gesichtskreis über die Erde cirka 100 Kilometer sein, auf einer Höhe von 20 Kilometer würde er demnach 1000 Kilometer und in einer Höhe von 400 Kilometer 20 000 Kilometer sein. Somit ist die Sonne im stande, von einer Höhe von ca. 400 Kilometern die Hälfte unserer Erdoberfläche zu bescheinen und zu beleuchten und von den Erdbewohnern ist dieselbe in ihrem Kreislauf zu sehen und zu fühlen, was auf Millionen Meilen Entfernung auf natürliche Art nicht sein kann.

Da die Sonne die Erde in 24 Stunden einmal umkreist und in ihrem Kreislauf die Hälfte der Erde beleuchtet, entsteht Tag und Nacht, und da die Sonne in ihrem Kreislauf um den Nordpol sich sechs Monate nähert und dann wieder sechs Monate entfernt, entsteht Sommer und Winter. Auch lässt sich die Sonnengrösse dadurch annähernd berechnen, wenn man weiss, dass ein Luftballon von 5 Meter Durchmesser in einer Höhe von einem Kilometer kaum noch 5 Centimeter zu haben scheint. Die Sonne scheint von der Erde aus gesehen einen Meter Durchmesser zu haben, das ergiebt im Verhältnis zur Verkleinerung des

Luftballones auf einen Kilometer auf 400 Kilometer eine Grösse der Sonne im Durchmesser von ca. 40 000 Kilometer, welches der Wahrscheinlichkeit entspricht, während auf Millionen Meilen Entfernung sich dieselbe ins Unendliche, nicht mehr Berechenbare ausdehnen würde. Die Sonne wird in ihrem Kreislauf um den Nordpol in der Stunde etwas zu 1600 Kilometer durchfliegen, da sie sich in ihrer Laufbahn in der Mitte zwischen dem Nordpol und den äussersten Grenzen des Erdkreises bewegte. Müsste die Erde nach der Millionen-Berechnung die Sonne umkreisen, so müsste dieselbe in der Stunde Millionen Meilen durchfliegen. Dass bei einer solchen Schnelligkeit auf der Erde kein Leben mehr möglich wäre, und sich dieselbe nur mehr als feurige Kugel erweisen würde, ist ja klar.

Erkanntlich umkreist die Sonne die Erdoberfläche in 24 Stunden und geht nach unserm Gesichtskreis von Osten nach Westen, zwischen Asien und Australien, Afrika und Europa, und von Westen wieder nach Osten, über den Atlantischen Ocean zwischen Süd- und Nordamerika über den Grossen Stillen Ocean nach Asien.

Nach der gegenwärtigen Naturkunde können sich die Geschöpfe der Erde auf derselben nur durch die grosse Anziehungskraft der Erde und dem grossen Luftdrucke halten, um nicht in das Unendliche zu fallen. Es wird sich aber mit der Anziehungskraft und dem Luftdrucke verhalten, wie mit dem Wasser; wenn man einen schwerern Körper in dasselbe wirft, als es selbst ist, so geht derselbe unter und zwar bis auf den Grund, wo er festen Halt findet; ist er aber leichter, als das Wasser, so schwimmt er oben. Hat der Gegenstand hohlen Raum, so kann man denselben belasten bis zum Gewicht des durch den Hohlraum verdrängten Wassers. So wird es wohl auch mit der Anziehungskraft der Erde und der Luft sein; wirft man einen schwerern Gegenstand als die Luft ist in die Höhe, so fällt er wieder auf die tiefer liegende Erde; ist der Gegenstand leichter als die Luft, so schwebt er in die Höhe und kann sogar um das, was der Gegenstand leichter ist, als die Luft, belastet werden, wie das bei Luftballons der Fall ist; wäre der mutmassliche Luftdruck und die Anziehungskraft der Erde überhaupt vorhanden, so könnte der Ballon gar nicht in der Höhe schweben.

Es ist begreiflich, dass ein luftleerer Körper einen sehr starken Luftdruck auszuhalten hat, indem die Luft sich des luftleeren Raumes zu bemächtigen sucht. Ist der luftleere Raum in einem nicht ganz luftdichten Gefässe eingeschlossen, wie zum Beispiel in Holz, so dass sich die Luft durch den Gegenstand mit dem leeren Luftraum verbinden und aussaugen kann, so entstehen zwei Verbindungen, die schwer zu trennen sind und es entsteht dadurch die sogenannte Anziehungskraft. Ist aber der leere Luftraum in einem luftdichten Körper, wie Glas, eingeschlossen, so kann keine Verbindung stattfinden, indem die Luft nicht durchzudringen und sich mit dem luftleeren Raum zu verbinden vermag. Mit welcher Kraft sich die

Luft des luftleeren Raumes bemächtigt, beweist der starke Knall, der beim Zerspringen einer luftleeren Glasglocke erfolgt. Möglicherweise steckt eine grosse, billige Kraft, die unter Umständen nutzbar gemacht werden kann, zwischen luftleerem Raum und Luft.

Dass der Mond noch näher als die Sonne zur Erde seine Laufbahn hat, ergiebt sich aus der Sonnenfinsternis, wo der Mond sichtbar zwischen Erde und Sonne zu stehen kommt. Dass sehr wahrscheinlich der Mond sein Licht von der Sonne bezieht, beweist, dass beständig sein Gesicht sich nach derselben wendet. Steht er nach unserm Gesichtskreis höher als die Sonne, so haben wir Vollmond, steht er tiefer, so können wir seine Lichtseite nicht sehen und haben leeren Mond. Würde er gleich der Sonne in 24 Stunden seinen Kreislauf machen, so würden wir immer den gleichen Mond haben. Bei einer Mondfinsternis scheint die Wahrheit näher zu liegen, dass sich ein Planet oder Stern zwischen der Sonne und dem Mond befindet, als dass dies der Erdschatten bewirken kann. Dass die Erde steht und sich nicht überdreht und die Erdoberfläche nicht rund ist, kann bei gesundem Menschenverstand leicht und fast handgreiflich bewiesen werden und zwar durch jedes Wässerlein, Bäche und Flüsse, die überall auf der ganzen Erdoberfläche stets dem tiefsten Punkte, dem Meere zufliessen. Alle Berge, die sich überall zu einer gewissen Höhe über die Meeresfläche erheben, alle Vögel in der Luft, die beim Drehen der Erde nichts zu fliegen brauchten, um in eine andere Gegend zu kommen, die unübersteigbaren Eismassen am Nordpol und sogenannten Südpol, wo die Sonne nicht mehr hinreicht, die warme Zone im Umkreis zwischen Nordpol und Südpol, oder besser gesagt Erdumkreisung, sowie die verschiedenen Tageszeiten, beweisen den Kreislauf der Sonne. Da, wo wir in Europa 12 Uhr oder Mittag haben, haben sie in Asien und Australien Abend, in Amerika (Nord- und Südamerika) Morgen und in Afrika ebenfalls Mittag, und überall in diesen Ländern, wo die Sonne senkrecht auf die Erde scheint, ist die wärmste Gegend. Dass die Sonne und der Mond als die speciellen Trabanten der Erde viel näher sein müssen, als bis anhin angenommen wurde, beweist in erster Linie das menschliche Auge, das nicht geschaffen ist, um Millionen Meilen weit sehen zu können, nicht einmal 10 000 Meilen. Dass Millionen Meilen von unserer Erde auch noch andere Sonnen, Monde und Sterne existieren, ist wohl möglich unter diesem unendlich grossen, ohne Ende ausgespannten Himmelszelt, so dass unsere Sonne, Mond und Erde in Gottes allmächtiger Hand nur ein Kinderspiel bedeutet, und Sonne, Mond und Sterne gleich den Zeigern einer Uhr unsere Erde umkreisen und von dieses grossen, allmächtigen Meisters Hand an sie gebunden sind. Denn das kleinste Wesen bis zum grössten durchweht ein Hauch von Gottes Liebe, Weisheit, Güte und Grösse. Auch kann der Kreislauf der Sonne über unsere Erdoberfläche durch Relief- oder Erdkarten beweiskräftig, instrumentalisch nachgewiesen werden, welches für berufene Geister zu ergründen, erforschen und vervollständigen wohl möglich sein wird.

Bei den gegenwärtigen Verkehrsmitteln, wo bald die ganze Welt miteinander verbunden ist und daher man den Nordpol so ziemlich genau kennt und weiss, dass derselbe umfahren werden kann, ist es auch möglich, den Südpol zu erforschen, und da wird es sich herausstellen, dass derselbe eine viel weitere Umkreisung erfordert, als der Nordpol, und dass man gegen Süden, Osten, Norden und Westen unübersteigbare Eismassen antreffen wird, wo es heisst, bis hieher aber nicht weiter. Auch Wind und Wolken sind fühlbare und sichtbare Zeugen des Stillstandes der Erde, indem sie von allen vier Seiten über die Erdoberfläche wehen, was beim Fluge um die Sonne nur einseitig erfolgen könnte. Eine bewunderungswürdige, weise, für den Menschen höchst nützliche Einrichtung ist, dass die Winde in der Höhe viel kälter sind, als in der Tiefe, wodurch auch in den wärmeren Zonen die hohen Berge das ganze Jahr mit Eis und Schnee bedeckt bleiben, und dadurch auch in warmer, trockener Jahreszeit die tiefer liegenden Quellen, Flüsse und Seen, Täler und Gegenden mit frischem Wasser gespeist werden. Die warmen Quellen, Vulkane und die hohe Wärme im Innern der Erde deuten klar auf ein grosses, unterirdisches Feuer, welches höchst wahrscheinlich die Schwebekraft der Erde liefert und erzeugt. Fasst man vom natürlichen, vorurteilsfreien Standpunkte die in dieser Schrift enthaltenen handgreiflichen Tatsachen, Beweise und Wahrscheinlichkeiten zusammen, so ergiebt sich klar und überzeugend, dass nur die Erdoberfläche bewohnbar ist und wir somit keine Gegenfüssler haben und dass die Erde steht und die Sonne geht.

Die richtige und natürliche Benennung der Meeresfläche führt zur Erkenntnis der Erdoberfläche. Da heisst es in allen naturwissenschaftlichen Schriften: dieser Berg, dieses Land, diese Gegend liegt so und so viel Meter über der Meeresfläche, und zwar überall, auf der ganzen Erde. Die Weltmeere bilden daher zusammen eine grosse, wagrechte Ebene. Es liegt in der Natur des Wassers, wo kein Gefäll mehr vorhanden ist, sich wagrecht auszuebnen und auszubreiten. Der Nordpol und der sogenannte Südpol, das heisst der äussere Erdkreis, müssen sich deshalb in gleicher, wagrechter Höhe über die Meeresfläche erheben und das tiefer liegende Weltmeer zwischen dem Nordpol und äusseren Erdkreis einschliessen und nur dadurch ist es möglich, dass man überhaupt auf der ganzen Erdoberfläche die Höhe und Tiefe nach der Meeresfläche berechnen kann.

Die Erdkunde mit dem Globus, der sich nur mit der Ründe des Meeres halten kann, wird mit der Zeit sehr wahrscheinlich eine andere Form bekommen. Die Beweise der Ründe des Meeres, die hauptsächlich geltend gemacht oder angeführt werden, dass man auf dem Meere die obersten Teile eines Schiffes, Leuchtturmes oder einer Bergspitze zuerst sehe, beweist nicht die Ründe des Meeres, sondern dass das menschliche Auge auf eine gewisse Entfernung den höher liegenden Gegenstand zuerst wahrnimmt und erst beim Näherkommen auch die tiefer liegenden Teile sieht, indem, je höher der Gegenstand sich befindet, desto weiter der Gesichtskreis reicht. Wenn man zwei Luftballone auflässt, den einen 100 Meter, den andern 150 Meter über der Meeresfläche, und sich beide in senkrechter Richtung zu einander entfernen, wird man den, der nur 100 Meter in die Höhe geht, eher untergehen sehen, als den, der 150 Meter hoch geht. Auch der Barometer wird die ebene Fläche des Meeres beweisen. Eine Reise um die Erde, die eigentlich eine Reise um den Nordpol ist, wird sich in der Nähe um denselben viel kürzer erweisen, und nur die Erdteile von Asien, Europa und Nordamerika betreffen, als eine Reise um die Erde gegen den äussern Erdkreis, wo hauptsächlich der Grosse Ozean und Australien und ein Teil von Afrika und Südamerika in den Bereich der Reise kommen, was zu erforschen mit den gegenwärtigen Verkehrsmitteln von berufener Seite wohl möglich sein wird.

Dass die Erde mit der Zeit an Wassermangel zu Grunde geht und ihre Flugkraft erst in entzündetem Zustand erreicht, beweist, dass die Gletscher beständig schwinden und Meere und Seen ebenfalls. Dass der Gletscher zur Zeit fast die ganze Erdoberfläche bedeckte, sind Beweise genug vorhanden; auch der Gletschergarten in Luzern ist ein sichtbarer Zeuge, dass zur Zeit schon einige hundert Meter über der Meeresfläche alles mit Eis bedeckt war und jetzt sind dieselben in hiesiger Gegend schon bis in die höchsten Berge zurückgegangen. Wo sich früher Meere und Seen befanden, haben sich brennbare Stoffe gebildet, wie Moor, Turben, Steinkohlen, Schwefel und Erdöl, und, wie das Wasser schwindet, bildet sich solches überall im kleinen wie im grossen, und so kann man bestimmt annehmen, dass die Erde das Kindesalter und auch das Jünglingsalter über schritten hat und schon der Reife entgegengeht, um gleich Sonne, Mond und Sterne am weiten Himmelszelt einst zu leuchten und neuen Welten Licht und Wäre zu spenden.

Es ist klar, dass der menschliche Verstand sich Vorstellungen machen kann, die in Wirklichkeit anders sind. Der menschliche rastlose Geist schafft und forscht nach Licht und Wahrheit und findet er überzeugende Anhaltspunkte eines Gegenstandes, so greift er immer weiter in das dunkle Gebiet, um helles Licht zu finden. So sind die grössten Wissenschaften errungen worden und manches fast Unglaubliche ist aus dunklem Grund ans Licht gekommen. Auch die Naturwissenschaft wird auf der gegenwärtigen Stufe nicht stehen bleiben und vielleicht schon in wenigen Jahren in ganz anderm Lichte zur Anschauung gelangen!

Die in dieser Schrift enthaltene Ansicht kam nicht von heute auf morgen, sie besteht seit mehr als 30jährigem, ruhigem, stillem Forschen und Studieren aller zu Händen gelangten naturwissenschaftlichen Bücher, Schriften, Karten und diesbezüglichen Zeitungsartikeln.

Möge diese kleine Schrift und deren Erd-Relief zur Aufklärung etwas beitragen!

Der Mensch denkt / Und Gott lenkt!

Gott der Vater der Schöpfer der Natur. Die Erde steht, Die Sonne geht (1904)

Gott der Vater, der Schöpfer der Natur

Zu allen Zeiten haben die Menschen ein höheres, unsichtbares Wesen als Erschaffer aller Dinge, am Himmel und auf Erden, anerkannt. Es muss so sein! Es wird so sein! Es kann gar nicht anders sein! Gottes Lobgesang der Menschen und so vieler seiner Geschöpfe stimmt dahin, die Wehklagen in grosser Not nach oben weisen dahin, die immer schaffende, unsichtbare Kraft beweist dies, und zu allen Zeiten, wo von Menschen geschrieben steht, ist auch von Gottesdienst die Rede, dies beweisen auch die alten und neuen gottesdienstlichen Kirchen und Denkmäler. Ein Machtwort nur von diesem grossen, unsichtbaren Schöpfer, und es entstand die Natur.

Die Natur

Die Natur schafft und webt sichtbar Tag und Nacht ohne Unterlass, lässt erstehen und vergehen, das Grösste bis zum Kleinsten, alles ist dem immer schaffenden Naturgesetze unterworfen, dies kann jeder Mensch mit noch so schwachem Verstände fühlen und erkennen. Aus nichts schafft die Natur den Kern, der Kern wird zum Baume, dem Klima angepasst, die Würzlein sorgen für den Saft, die Blätter für die Kraft, dem folgt das Vergehen, und nichts bleibt mehr als ein Stäublein Sand und ein Stäublein Kohle, das die Erde zu ihrem Baue braucht. Aus nichts schafft die Natur den Keim, daraus entsteht ein Körper mit dem nötigen Verstand für den Lebensunterhalt. Die Natur sorgt für die Nahrung auf tausendfältige Art, dem folgt das Sterben und Vergehen, und nichts bleibt mehr als ein Stäublein Asch, und ein Tröpflein Oel zum grossen Sonnenbrand. Aus nichts schafft die Natur den Dunst, aus dem Dunst entsteht das Wässerlein, dies fliesst zum Gewächs, tränkt das Geschöpf und speist den Fluss und den See mit seinen Tausenden von Bewohnern, der fliesst zum Meer, Schwefel und Salz ist, was schliesslich noch übrig ist, das die Erde zu ihrer Bestimmung benützt. Alles, alles, was die Erde schafft und webt, hat seine Bestimmung, das Kleinste wie das Grösste. Was schnell entsteht, geht schnell dahin. Was lange braucht, hat lange Dauer, aber dennoch kommt einmal sein Ende.

Die Erde

Die Alten glaubten, die Erde sei eine Scheibe, auf deren Oberfläche sie wohnen. Sie meinten, die Sonne umkreise dieselbe täglich, und sie werden recht haben und auch mit der Zeit wieder recht bekommen, denn dass die Erde, eine fliegende Kugel, sich täglich einmal überdrehe, das Meer rund sei und die Erde die Sonne jährlich in Millionen Meilen Entfernung umkreise, gehört in das Reich der Märchen. Es ist eine bekannte Tatsache, dass die Menschenkinder für Märchen zugänglicher sind, als für handgreifliche Tatsachen, dies kann täglich beobachtet werden. Dass die Erde steht und die Sonne geht, die Erdoberfläche eine Scheibe ist, dafür sprechen untrügliche und beweiskräftige Tatsachen. Jeder Baumeister hält die Wasserwage und den Senkel für die untrüglichsten Messinstrumente. Es liegt in der Natur des Wassers, immer der tiefer liegenden Stelle zuzufliessen. Das Wasser fliesst zum Bächlein, das Bächlein zum tiefer laufenden Flusse und dieser wieder zum tiefsten gelegenen Meere. Daher erhebt sich jede Gegend, jeder Berg auf der ganzen Erde eine gewisse Höhe über die Meeresfläche. Wo grosse Wassermassen sich ansammeln können und keinen Abfluss mehr haben, muss ein Becken sein, sowohl im Grossen als auch im Kleinen, folglich muss das Weltmeer zwischen Nord- und Südpol eingeschlossen sein. Man kennt die Meerestiefen und weiss, dass an den Ufern beiderseits sie am wenigsten tief sind. Man weiss, dass die Weltmeere zusammen mit einander verbunden sind, also überall auf der ganzen Erde sich auf gleicher Höhe befinden. Wind- und Wellenschlag, Flut und Ebbe und die Schwere des Wassers bilden naturgemäss eine wagrechte Ebene auf dem Meere, die verschiedenen Erdteile treten wie Inseln aus ihnen hervor, somit muss die mutmassliche Ründe des Meeres der grösste Irrtum sein, wovon sich jeder vernünftige Mensch selbst überzeugen kann. Wenn die Erde eine Kugel wäre, so müsste auch das Meer, der grösste Teil der Erde, rund sein. Die Beweise, die hier angeführt werden, sind diese: dass man auf dem Meere die Spitzen der Masten eines Schiffes zuerst erblicke und dass man wegen der Ründe ferner liegende Gegenstände, Berge und Täler nicht sehen könne. Der Gesichtskreis des menschlichen Auges wird auf ebener Fläche zirka 50 km sein, je nachdem die Witterung und die Aussicht sich gestaltet. Auf diese Entfernung scheinen sich Himmel und Erde zu vereinigen. Steigt man aber 5 km über die Meeresfläche, so wird der Gesichtskreis schon zirka 100 km sein, und in einer Höhe von 10 km 200 km, folglich in einer Höhe von 100 km erst 2000 km und in einer Höhe von 1000 km 20 000 km, somit ergibt sich klar und deutlich, dass man von einem erhöhten Punkte weiter sieht als von einem tiefer gelegenen und dass man folglich auch einen höher gelegenen Gegenstand eher wahrnimmt, deshalb sieht man auf dem Meere die grossen Masten eines Schiffes eher, als das Schiff selber, das ist doch so klar als 2x2 4 ist. Würde sich die Erde im Osten nur 100 m heben, so würde das Wasser den ganzen Westen überschwemmen, und so umgekehrt, und mit dem Senkel würde dies an jedem Gebäude wahrzunehmen sein. Eine Ueberdrehung der Erde ohne eine totale Umwälzung und Zerstörung ist gar nicht möglich. Mit der gegenwärtigen Wissenschaft ist man so weit, dass man mit voller Bestimmtheit weiss, dass eine Reise um die Erde eine Reise um den Nordpol ist, dass derselbe umfahren werden kann, dass, wenn man von Osten mit dem Sonnenlauf die Reise um die Erde unternimmt, man den Nordpol immer zur Rechten und den Südpol immer zur Linken hat, und man einen Tag verliert, und umgekehrt, wenn man die Reise von Westen nach Osten macht, den Nordpol immer zur Linken und den Südpol immer zur Rechten, dass die Reise um die Erde desto kürzer ist, je näher man dieselbe um den Nordpol macht. Man weiss auch, dass es 5 Zonen gibt, 1 heisse, 2 gemässigte und 2 kalte. Die heisse Zone liegt unter dem Aequator, wo die Sonne auf ihrem Kreislaufe um die Erde senkrecht auf die Erde scheint und unter dem Wendepunkt liegt. Dann die gemässigten Zonen, links und rechts der heissen Zone. Dann die kalten Zonen, je eine am Nord- und Südpol, wohin die Sonne nicht mehr reicht. Dass die Erde eine Scheibe ist und somit Tellerform hat, dafür sprechen bekannte und erforschte Tatsachen. Man kennt den Nordpol, man weiss, dass er sich in der Mitte der Erdoberfläche befindet, dass dort ein Eis- und Gletscherfeld, gut 10 mal so gross wie die Schweiz, sich befindet, dass der Nordpol umreist werden kann, und zwar um so näher die Reise um denselben gemacht wird, dieselbe um so kürzer ist, so dass es möglich ist, denselben der kalten Zone entlang, schon in 20 000 km zu umreisen, nämlich durch das nördliche Amerika, den Stillen Ocean gegen Japan und mit der sibirischen Bahn nach Nordamerika. Dann weiss man auch, dass die gegenwärtigen Reisen um die Erde, welche von den Schiffsgesellschaften ausgeführt werden, schon weiter vom Nordpol entfernt, der nördlich gemässigten Zone entlang, nämlich von Hamburg mit dem Sonnenlauf über den atlantischen Ocean nach Neuporc [sic], durch Nordamerika gegen San Francisco über den Stillen Ocean, durch das japanische, chinesische, rote und mittelländische Meer, welche Reise aber schon über 35 000 km beträgt. Eine Reise unter dem Aequator durch die heisse Zone, die von Hamburg aus gegen Mexiko, Panama, der heissen Zone entlang durch den stillen Ocean zwischen Asien und Australien, durch Afrika führt, schon wieder viel weiter ist und dieselbe gut 50 000 km betragen würde, welche aber wegen der grossen Hitze und Schwitztour schwerlich jemand machen wird. Hätte die Erde Kugelgestalt, so müsste die Reise um die Erde in der heissen Zone die weiteste Reise sein und die gemässigte Zone gegen den Südpol wieder abnehmen, es ist aber gerade das Gegenteil wahr, statt abzunehmen nimmt dieselbe an Ausdehnung zu, der Beweis hiefür kann leicht geleistet werden und ist dieser geleistet, so ist die Scheibengestalt der Erde erwiesen. Würde die Reise kürzer, so wäre die Kugelgestalt der Erde glaubwürdig. Eine Reise um die Erde mit dem Sonnenlauf der gemässigten Zone entlang auf der Südpolseite würde zum Beispiel vom Kap der guten Hoffnung über den Atlantischen Ocean, durch Südamerika von Buenos Aires bis Santiago, von da durch den Stillen Ocean nach Australien und wieder nach Afrika zurückführen, welche Reise wenigstens 100 000 km lang sein würde. Eine Reise um den Südpol, der kalten Zone entlang, muss noch einmal so lang sein, so dass ein erstklassiger Dampfer zu dessen Umschiffung mehrere Jahre brauchen würde, dies sind tatsächliche Wahrheiten. Die grossen Gebiete der kalten und der südlichen gemässigten Zone entlang sind wegen ihrer grossen Ausdehnung zwar noch nicht erforscht, und es kann sich im Stillen Ocean füglich noch ein sechster Erdteil befinden, es würde auf jeden Fall lohnender sein, diese Gebiete mit den gut eingerichteten Dampfern zu erforschen, als sich jahrelang in den unermesslichen Eismassen des Nord- und Südpols bei Nacht und Nebel einschliessen zu lassen, wo eine Expedition, wenn sie heimkommt, nur reich an Entbehrungen, Abenteuern und Leiden ist, jedoch arm an Wissenschaft. Es ist zu verwundern, dass die praktischen Engländer und Amerikaner den Südpol von Nordamerika aus noch nie erreicht haben, es wird aber schon noch dazu kommen, oder dann finden die schlauen Japanesen noch eher den Weg dorthin, sie werden doch nicht glauben, gegen den Südpol gehe es unter die Erde, wie auf der Erdkugel gezeichnet ist, und dann könnten sie mit ihren Schiffen nicht mehr hinauf. Immerhin wird eine Reise vom Nordpol durch den Stillen Ocean zum Südpol seine 20 000 km betragen. Da ist eben die Frage, wo unterwegs die Kohlen fassen? Den Nordpol kennt fast jedermann, der lesen kann. Man weiss, dass man ihn umreisen kann, und man weiss auch, wie weit eine solche Reise ist. Nun auf zum Südpol! Dem Erforscher und Umfahrer soll die Poral [sic] der Wissenschaft sein! Aber nicht nur in Südamerika oder Australien, dem nächsten Punkt des Südpols, sich einfrieren lassen, sondern mit dem Sonnenlauf der kalten Zone entlang, von Süd nach West, von West nach Nord, von Nord nach Ost, von Ost nach Süd, und man wird finden, dass diese Reise mehrere Jahre in Anspruch nimmt, auch nicht ohne Gefahren abläuft. Die Erde wird auch wie jedes andere Geschöpf dem Naturgesetz unterworfen sein. Werden, Sterben und Vergehen wird auch ihr Los sein, bloss dass es Millionen Jahre dauern kann, allein was sind die Millionen Jahre im Reiche der Ewigkeit. Dass die Erde erst im Werden begriffen ist, dafür sprechen viele Anzeichen. Man weiss so ziemlich sicher, dass zur Zeit fast ganz Europa in Eis und Schnee gebettet lag, und dass Asien, wo die Sonne senkrecht auf die Erde scheint, die Wiege der Menschheit ist, da die Sonne dort zuerst Schnee und Eis zur Schmelze brache

[sic]. Es ward zuerst das Land, wo Milch und Honig floss, saftige Weiden, Flüsse, Seen und Meere sich befanden, wo jetzt das Land dürr und trocken ist, Flüsse und Meere zur Sandwüste geworden sind. Dafür ist jetzt das Land der gemässigten Zone das Land der Fruchtbarkeit, doch auch da schwinden schon Eis und Schnee, Bächlein, Flüsse und Seen, und zurückgedrängt wird der Firn auf hoher First, auch am Nord- und Südpol muss er weichen, langsam, aber sicher. Dies tut nicht allein der Sonnenschein, auch die Erde hilft getreulich mit, es hitzt, gärt und kocht beständig im Innern ihres grossen Leibes. Wann's mal kommt zur grossen Brunst und ihr weites, grosses Herz in Liebesglut entzündt, dann erst die Sonnenbraut, gleich der Raket den weiten, langen Kreislauf beginnt, um auch wieder neuer Brut Wärme, Licht und Leben zu spenden.

Das Erdrelief

Das Erdrelief gibt ein klares, der Wahrheit und Natur entsprechendes Bild der Erdoberfläche. Es beweist klar und deutlich die Scheibengestalt der Erdoberfläche und wiederlegt gründlich die Kugelgestalt derselben. Jeder Schulknabe findet sich auf demselben sogleich zurecht, er kann jeder Reisebeschreibung um und auf der Erde mit Leichtigkeit folgen, in grösserm Massstab jede Ortschaft, jeden Fluss und See, jedes Meer, jeden Berg und jedes Tal, jede Eisenbahn- und Dampfschifflinie, den Nord- und Südpol, den Sonnenlauf, die heissen, gemässigten und kalten Zonen mit Leichtigkeit finden. Da er weiss, dass kein Meer oder See uferlos sein kann, begreift er leicht, dass das Meer auch nicht uferlos ist, und naturgemäss in einem Becken eingeschlossen sein muss und sieht, dass dies zwischen dem Nord- und Südpol wirklich der Fall ist, dass sich der Südpol in gleicher Höhe des Nordpols befindet, und am Nord- und Südpol das Wasser durch hohe Eismassen abgeschlossen ist, dass eine Fahrt um den Nordpol schon in einigen Monaten gemacht werden kann, dagegen eine Reise um den Südpol mehrere Jahre in Anspruch nimmt. Von einer Höhe von zirka 2000 km gesehen, kann mit Bestimmtheit angenommen werden, dass das Erdrelief der Wirklichkeit entspricht. Für Schulzwecke wird das Erdrelief die besten Dienste leisten, denn es wird und muss mit der Zeit sich als das einzig richtig natürliche und wahre aufklären.

Am Himmelszelt

Die Sonne ist der einige [sic] Himmelskörper, den man auf Erden sehen und zugleich fühlen kann. Sie sendet der Erde Licht und Wärme, bewirkt Tag und Nacht, Sommer und Winter, umkreist die Erde in 24 Stunden einmal, ihr Gesichtskreis reicht ungefähr über die Hälfte der Erdoberfläche. Wenn wir zum Beispiel in Luzern 6 Uhr morgens haben, so ist es in Asien Mittag, die Sonne steht daselbst am höchsten, sie sieht zuerst unsere Bergspitzen, sowohl als wir von einem hohen Berge auch sie eher erblicken, und dann kommt dieselbe näher und näher, der Morgen schreitet vor und in 6 Stunden, um 12 Uhr, haben wir Mittag. Die Sonne steht nun bei uns ebenso hoh [sic], wie am Morgen im Osten. Jetzt bekommen sie im Westen, Amerika, Morgen und wieder in 6 Stunden ist sie auch schon im Westen in gleicher Höhe wie bei uns angelangt, und wir haben abends 6 Uhr, und in Amerika ist es Mittag. Dann geht es weiter gegen Norden, und in 6 Stunden später steht sie ob dem Stillen Ocean, und in Amerika haben sie Abend, bei uns ist es Mitternacht, im Osten fängt's an zu tagen, und in 6 Stunden haben sie auch in Asien und Australien Mittag, und so geht es fort und fort. Die Länder und Meere, welche zwischen dem Nord- und Südpol in gerader Linie sich befinden, haben zu gleicher Zeit Tag und Nacht. Wo die Sonne nicht mehr hinreicht, bleibt es Nacht. Die grösste Täuschung vollzieht sich mit der Sonne vor dem menschlichen Auge auf dem Meere. Da scheint die Sonne aus dem Meere zu kommen, um wieder in demselben zu verschwinden. Während auf dem Meere die Sonne in nächster Nähe unterzugehen scheint, ist dieselbe in Wirklichkeit zirka 10–15 000 km entfernt, ebenso hoch am Himmel über der Erde, als auf dem Meere zur Mittagszeit. Eine schöne und weise Einrichtung ist, dass die Sonne in ihrem Kreislaufe sich 6 Monate dem Nordpol und 6 Monate dem Südpol nähert. Dadurch entsteht auf der Erde Sommer und Winter, Frühling und Herbst, denn wenn die Sonne in der Nähe des Nordpols angelangt ist, so haben sie dort Sommer und die längsten Tage und in der entgegengesetzten Richtung des Südpols Winter und die kürzesten Tage und so umgekehrt. In einer Höhe von 1000 km wird der Gesichtskreis zirka 20 000 km sein, somit ist die Sonne in dieser Höhe im stande, die Hälfte der Erdoberfläche zu bescheinen, folglich kann mit Bestimmtheit angenommen werden, dass dieselbe nicht viel höher von der Erdoberfläche entfernt ist, auch ist es von dieser Höhe möglich, die Sonnenwärme zu empfinden, was auf Millionen Meilen nicht der Fall sein kann, denn Millionen Meilen Entfernung geht schon ins unendliche, für den Erdenbewohner schon lange nicht

mehr sichtbar und fühlbar. Die Millionenberechnungen der Entfernungen fussen wahrscheinlich auf Einbildung und Irrtum, Irren ist menschlich. Die Sonne kann füglich als die Mutter der Erde betrachtet werden, denn ohne die Sonne wäre die Erde ein unbewohnbarer Eisklumpen. Der Natur gemäss sorgt jedes Geschöpf der Natur für seine Nachkommenschaft, und schöner und pünktlicher als die Mutter Sonne für ihre Tochter Erde sorgt kann kein Geschöpf sorgen. Durch ihre Kraft und Wärme reift sie heran wie der Apfel am Baume, sie sorgt für ihre Nahrung auf tausendfältige Art, sorgt für Ruh durch Tag und Nacht und wo ihre Wärmestrahlen nicht mehr hinreichen, deckt sie mit weichen Schnee die Erde zu. Und was ist der gute, stille Mond? Der ist ein Greis, hat manchen Sturm erlebt, seine grösste Brunst ist hin, sein Gesicht ist bleich, sein Gang hält der Tochter Sonne nicht mehr stand, sie erhält ihn noch mit ihrem Licht, und mit der Zeit fällt auch er hin ins Reich der Vergänglichkeit und wenn er sieht, dass sein Ende naht, spricht auch er: «Ach wie schnell sind doch die Millionen Jahre dahingeflossen», und so geht es fort im Grossen wie im Kleinen, macht immer eins dem andern Platz und die Sternlein mit ihren hellen Aeuglein sind die Lämmlein an dem grossen Himmelszelt. Sie schauen vergnügt dem Erdentreiben zu, freuen sich ob des Menschen Eigensinn, leisten schnellen Botendienst und stellen sich an ihrem Platz wieder pünktlich ein. Auch sie werden von der Natur ihre Bestimmung haben. Ihre Zahl ist gross wie der Sand am Meeresstrande. Gross und klein ist ihre Gestalt, doch zum nähern Erforschen ist der Menschenverstand zu klein.

Allgemeines

Der Mensch, das schönste und edelste Geschöpf der Natur, kann füglich Kind Gottes genannt werden, denn er ist und bleibt ein Kind sein Leben lang. Da gibt es Gescheite und Dumme, Glückliche und Unglückliche, Gutmütige und Bösartige, Reiche und Arme, Grosse und Kleine, doch wie alles auf Erden dem Wechsel unterworfen ist, so können die Gescheiten dumm, die Glücklichen unglücklich, die Gutmütigen bösartig, die Reichen arm und die Armen reich werden, je nachdem der Verstand und die täglichen Verhältnisse dem einzelnen mitspielen, auch sind ihre Meinungen und Ansichten so verschieden, wie ihre Gesichter es sind, was die einen glauben, das glauben die andern nicht, was die einen behaupten, wird von den andern bestritten. Der eine kämpft mit voller Ueberzeugung für eine Sache, der andere bekämpft die gleiche Sache ebenfalls mit voller Ueberzeugung, und so nichts als Widersprüche und Gegensätze, so dass es wohl nie gelingen wird, alles unter einen Hut zu bringen, denn schon mit den Jahren ändern sich die verschiedenen Meinungen und Ansichten, solche Beispiele finden sich genügend. Auch im bürgerlichen und gerichtlichen Leben gestalten sich ebenfalls die grössten Widersprüche. Da ist einer, der hat eine grosse Familie, ein schlechtes Geschäft, kein Vermögen und ist doch fröhlich und zufrieden dabei. Ein anderer lebt im Ueberflusse, häuft Millionen auf Millionen, findet aber nirgends Frieden, schimpft und murrt die ganze Zeit. Aus Ehr- und Habsucht einzelner entstehen die meisten Kriege, wo Tausende und Tausende im besten Mannesalter unschuldig, straflos hingeschlachtet und zu Grunde gerichtet werden, während andererseits geringere Vergehen mit Zuchthaus oder gar mit dem Tode bestraft werden. So begegnet man überall den grössten Widersprüchen. Gottes Natur hat die Erde so schön gestaltet und die Menschen mit den grössten geistigen und körperlichen Gaben ausgestattet. Wenn die Menschen einander nur besser verstehen würden, leben und leben lassen ihr Grundsatz wäre, so wäre das kurze Erdenleben noch einmal so schön.

Was ist der flüchtige Menschenverstand / Gegen Gottes allmächtige Hand? / Was ist alle Ehr und aller Ruhm? / Nichts als vergänglicher Schaum.

Quellen und Literatur

1) Interviews

Melchior Dönnis Enkel, 23. Februar 2024, 27. März 2024, 8. November 2024
Georg Dönni, 8. März 2024

2) Archivalien

Canadian Mennonite University Library
Fast, Martin B.: Ein Biblischer Beweis, dass die Sonne auf und unter geht […], Reedley, Kalifornien 1944.

Familien Dönni
Archivalien in Privatbesitz, darunter Verträge, Briefe und Fotos

Institut de France, Bibliothèques Mazarine & de l'Institut
8° NS 5036 C: Melchior Dönni, Weltall-Erd-Relief nach neuester Ansicht

Schweizerisches Bundesarchiv
E27#1000/721#23031*, Charles-Eugène Perrons Schreiben an die Bundesversammlung, 1897
E4383#1995/477#352*, Modell/Erdrelief (Patent Nr. 25409) von Melchior Dönni, Luzern 1902–1904
E4383#2000/174#52*, Patentregister Nr. 25001–25500, 1903
J2.361-01#2017/303#2*, Tätigkeitsbericht des Schweizerischen Landwirtschaftlichen Vereins, 1885

Staatsarchiv Luzern
A 1143/40, Brandassekuranz-Register Gemeinde Luzern: Quartier Hof (1893–1913)
AKT 413D/73, Dönny-Stadelmann Melchior, 1920–1921
AKT 413D/74, Dönny-Stadelmann Melchior, 1920 / Dönny-Schriber Maria, 1918 / Dönny Melchior, 1913 / Dönny Josef Melchior, 1933, 1913–1933
PA 381/60.48697 und 59.51263: Zwei Patente von Melchior Dönni Sohn
PA 443/1 und 443/4: Freie Vereinigung Gleichgesinnter Luzern
PA 1291/264 und 265: Diverse Unterlagen der Donnerstagsgesellschaft

Staatsarchiv Nidwalden
Stammbuch Dönni, A 1197-2/10

Stadtarchiv Luzern

B3.20/B2, Kontrolle über die Milch- und Kaffeeschenken in der Stadtgemeinde Luzern
B3.22/B1.20, Einwohnerkontrolle: Häuserverzeichnis Stadtquartier Hof
B3.22/B13:156, Häuserverzeichnis 1890–1965, Stadthofstrasse 11
B3.36/A1, 1918:80, Teilungsamt, Faszikel Dönni Melchior
B3.40/B1.01, Steuerregister 1891
D032, Protokolle, Sennen-Verein Luzern und Umgebung 1899–1905
E02a/013, Luzern: Stadtplan 1868
E02a/017, Luzern: Stadtplan 1890
F4/0315, Luzerner Donnerstags-Gesellschaft

Zentral- und Hochschulbibliothek Luzern

Sondersammlung, Ms.171.4 Protokollband der Donnerstags-Gesellschaft

3) Bibliografie

Monografisches

Achermann Dania; Fabian Link, Volker Remmert, Cécile Stephanie Stehrenberger: (New) Histories of Science, in and beyond Modern Europe: Introduction, in: Histories 4 (2024), S. 62–65, www.mdpi.com/2409-9252/4/1/5 (12. 2. 2025).

Aeschbacher, Christian: Die Butter und ihre Tradition. Kulturgeschichtliches aus der schweizerischen Land- und Milchwirtschaft, Thun 1989.

Anderegg, Felix: Allgemeine Geschichte der Milchwirtschaft, Zürich 1894.

Anonymus: Zwei Briefe an Pastor Knak, betreffend die neuste kirchliche Frage, Berlin 1868.

Anonymus: The Anti-Newtonian: or, A True System of the Universe, with a Map of Explanation, Proving the Sun to Be a Moveable Body and Central Circling Equator of Equal Time […], London 1819.

Astronomischer Jahresbericht, mit Unterstützung der Astronomischen Gesellschaft hg. von Walter F. Wislicenus, Bd. V, Berlin 1904.

Bachelard, Gaston: Die Bildung des wissenschaftlichen Geistes. Beitrag zu einer Psychoanalyse der objektiven Erkenntnis. Aus dem Französischen von Michael Bischoff, Frankfurt am Main 1987 (Paris 1938).

Baechler, Carl: Die Milchindustrie der Schweiz, Zürich 1901.

Bericht des Departements der Staatswirtschaft des Kantons Luzern über die Käserei-Inspektoren und Käserei-Statistik im Jahre 1889, Luzern 1890.

Bernet, Brigitta: Schizophrenie. Entstehung und Entwicklung eines psychiatrischen Krankheitsbilds um 1900, Zürich 2013.

Brunner-Vogt, Edwin: Internationale Ausstellung in Mailand 1906: Schiffsbau und Ausrüstung, Wassersport, Binnenschifffahrt. Bericht an das Schweizerische Handelsdepartement, Bern 1907.

Bürgi, Andreas: Relief der Urschweiz. Entstehung und Bedeutung des Landschaftsmodells von Franz Ludwig Pfyffer, Zürich 2007.
Bürgi, Andreas: Eine touristische Bilderfabrik. Kommerz, Vergnügen und Belehrung am Luzerner Löwenplatz 1850–1914, Zürich 2016.
Canetti, Elias: Die Fliegenpein. Aufzeichnungen, Frankfurt am Main 1992.
Daston, Lorraine; Peter Galison: Objektivität. Aus dem Amerikanischen von Christa Krüger, Frankfurt am Main 2007.
[Dönni, Melchior] M. D.: Wie sich ein Ungelehrter das Weltall denkt, o. O., o. J. [Luzern um 1899]
[Dönni, Melchior] M. D.: Wie man sich das Weltall denken kann, Luzern 1902.
Dönni, M. [Melchior]: Weltall-Erd-Relief nach neuster Ansicht, Luzern 1903.
Dönni, M. [Melchior]: Gott der Vater, der Schöpfer der Natur. Die Erde geht, die Sonne steht, Luzern 1904.
Erni, Anton: Die Milchwirtschafts-Verbände des Kantons Luzern mit besonderer Berücksichtigung der Käserei-Genossenschaft, Luzern 1911.
Fuchs, Thomas: Verteidigung des Menschen. Grundfragen einer verkörperten Anthropologie, Berlin 2020.
Garwood, Christine: Flat Earth: The History of an Infamous Idea, New York 2007.
Gleason, Alex: Is the Bible from Heaven? Is the Earth a Globe? […], 1890.
Gordin, Michael D.: Am Rande. Wo Wissenschaft auf Pseudowissenschaft trifft, Konstanz 2022.
Grimm, Jacob und Wilhelm: Deutsches Wörterbuch, Bd. 10, Leipzig 1905, Spalte 1677.
Gutzwiller, Karl: Die Milchverarbeitung in der Schweiz und der Handel mit Milcherzeugnissen. Geschichte, Betriebsformen, Marktverhältnisse und volkswirtschaftliche Bedeutung, Schaffhausen 1923.
Hafner, Urs: Sind wir so aufgeklärt, wie wir glauben?, in: Neue Zürcher Zeitung, 9. März 2018, S. 41.
Hafner, Urs: Forschung in der Filterblase. Die Wissenschaftskommunikation der Schweizer Hochschulen in der digitalen Ära, Baden 2020.
Hafner, Urs: Die Welt neu erfunden. Melchior Dönni liess 1902 sein Erdrelief patentieren, in: NZZ am Sonntag, 21. Januar 2024, S. 47.
Hagner, Michael: Bye-bye science, welcome pseudoscience? Reflexionen über einen beschädigten Status, in: Dirk Rupnow, Veronika Lipphardt, Jens Thiel, Christina Wessely (Hg.): Pseudowissenschaft. Konzeptionen von Nichtwissenschaftlichkeit in der Wissenschaftsgeschichte, Frankfurt am Main 2008, S. 21–50.
Hampden, John: The Popularity of Error and the Unpopularity of Truth having special Reference to the old Copernican and later Newtonian Theory of the Rotundity and Revolution of the Earth […], London 1869.
Hoppenhaus, Kerstin: Die Salze der Erde. Was drei chemische Elemente mit Kolonialismus, Klima und Welternährung zu tun haben, München 2024.
Irving, Washington: A History of the Life and Voyages of Christopher Columbus, Paris 1828.
Jahn, Gustav: Der gesunde Menschenverstand und die stillstehende Sonne zu Gibeon. Ein Wort der Mahnung an Alle, die noch an den alten Gott der Bibel glauben, Berlin 1868.
Jasper, John: De Sun do Move and the Earth Am Square, 1878, in: *Encyclopedia Virginia,* Virginia Humanities, www.encyclopediavirginia.org/9967hpr-743492bc5b9f192 (7. 12. 2020).

Jenni, Oscar Hugo: Milchversorgung schweizerischer Städte Frühjahr 1913. Ergebnisse einer vom Statistischen Amt des Kantons Basel-Stadt unter Mitwirkung anderer Städte Ende Mai 1913 durchgeführten Erhebung, Bern 1914.

Kraemer, Hans: Weltall und Menschheit, Berlin, Leipzig, Stuttgart 1900.

Leon, Alfons: Die erste italienische Weltausstellung. Ihr Schauplatz und ihre Vorgeschichte, Wien 1907.

Luzernisches Kantonal-Schützenfest in Luzern vom 3. bis 10. Juli 1881. Verzeichnis der Gaben-Gewinner, Luzern 1881.

Macho, Thomas: Das Leben nehmen. Suizid in der Moderne, Berlin 2017.

Mannheim, Karl: Ideologie und Utopie, Frankfurt am Main 1995 (1929).

Merz, Friedrich: Milchwirtschaft, in: Alfred Furrer (Hg.): Volkswirtschaftslexikon der Schweiz, Bd. 2, Bern 1887, S. 415–458.

Messmer, Kurt: Zeitgeist um 1900. Ein Rundgang durch Luzern, in: Blog. Schweizerisches Nationalmuseum, https://blog.nationalmuseum.ch/2024/03/zeitgeist-um-1900/ (12. 3. 2024).

Moser, Peter; Beat Brodbeck: Milch für alle. Bilder, Dokumente und Analysen zur Milchwirtschaft und Milchpolitik in der Schweiz im 20. Jahrhundert, Baden 2007.

Palisa, Johann: Revolutionäre Astronomie, in: Die Zeit. Wiener Wochenschrift für Politik, Volkswirtschaft, Wissenschaft und Kunst, 30. 5. 1896, S. 136–137.

Pasche, Frederick Emil: Christliche Weltanschauung. Kosmogonie und Astronomie, 1904.

Parallax [Rowbotham, Samuel]: Zetetic Astronomy. The Earth not a Globe! An Experimental Inquiry into the Figure of the Earth: Proving it a Plane […], London 1865.

Quinlan, John E.: The Earth a Plane, London 1906.

Report of the West India Royal Commission. Appendix C., Vol. III. Proceedings, Evidence, and Documents relating to the Windward Islands, the Leeward Islands, and Jamaica […], London 1897.

Rodt, Cäcilie von: Reise einer Schweizerin um die Welt. Mit 700 Illustrationen. Vorwort von Nationalrat Dr. A. Gobat, Erziehungsdirektor des Kantons Bern, Neuenburg 1903.

Russell, Jeffrey Burton: Inventing the Flat Earth: Columbus and Modern Historians, New York 1991.

Sapruk, F. F.: Die Erde steht, die Sonne geht oder ein neuer Feldzug gegen das kopernikanische Weltsystem auf den Gebieten der Mathematik, Physik, Astronomie, Geologie und Meteorologie, Loreto (Marken) 1896.

Schadewald, Bob: The Plane Truth. A History of the Flat-Earth Movement by an Acknowledged Authority on the Subject, 2015, www.cantab.net/users/michael.behrend/ebooks/PlaneTruth/pages/index.html. (12. 2. 2025).

Scheidegger, Tobias: «Petite Science». Ausseruniversitäre Naturforschung in der Schweiz um 1900, Göttingen 2017.

Schiedt, Hans-Ulrich: Auf den Spuren der Arbeitstiere. Eine gemeinsame Geschichte vom ausgehenden 18. bis in die erste Hälfte des 20. Jahrhunderts, Zürich 2024.

Schöpffer, Carl: Die Erde stehet fest. Beweise, dass die Erde sich weder um ihre Achse noch um die Sonne dreht, Berlin 1853.

Schöpffer, Carl: Die Widersprüche in der Astronomie, wie sie bei der Annahme des Copernikanischen Systems entstehen, bei der entgegengesetzten aber verschwinden, Berlin 1869.

Scott, David W.: Terra firma: The Earth not a Planet, proved from Scripture, Reason, and Fact, London u.a. 1901.
Setz, Clemens J.: Monde vor der Landung. Roman, Berlin 2023.
Steinwender, Georg L: Die kopernikanische Weltanschauung unvereinbar mit der Bibellehre, Görlitz 1883.
Schumacher, Beatrice: Kleine Geschichte der Stadt Luzern, Luzern 2016.
Szarka, Eveline: Sinn für Gespenster. Spukphänomene in der reformierten Schweiz (1570–1730), Köln 2022.
Verzeichnis der Auszeichnungen, welche Schweizerischen Ausstellern und ihren Mitarbeitern zuerkannt wurden, Bern 1907.
Verzeichnis der Schweizer-Bürger, welche auf dem für die Nationalratswahlen vom 27. Okt. 1872 angefertigten Stimmregister der Stadt Luzern aufgetragen sind, Luzern 1872.
Von Moos, Andreas: Der Luzerner Untergrund 1850–1920. Aspekte des Wandels eines Unterschichtquartiers, Luzern 1994 (Lizentiatsarbeit Universität Zürich).
Wangemann, Hermann Theodor: Pastor Knak und seine Gegner. Ein Beitrag zur Orientierung in den Motiven des neuesten Kirchenstreites, Berlin 1868.
Weingart, Peter: Die Wissenschaft der Öffentlichkeit. Essays zum Verhältnis von Wissenschaft, Medien und Öffentlichkeit, Weilerswist 2005.
Wessely, Christina: Welteis. Eine wahre Geschichte, Berlin 2013.

Online-Nachschlagewerke

Archiv für Agrargeschichte, Personendatenbank
Historisches Lexikon der Schweiz
Schweizerisches Idiotikon
Wikipedia

Periodika

Bernische Blätter für Landwirtschaft
Illustrierte Luzerner Chronik
Kladderadatsch
Luzerner Tagblatt
Neue Zürcher Zeitung
Schweizerisches Handelsamtsblatt
The Earth. A Monthly Magazine of Sense & Science Upon a Scriptural Basis […]
Vaterland

Bildnachweise

Umschlagbild:	Privatbesitz
S. 65:	Schweizerisches Bundesarchiv, Bern
S. 66:	Schweizerisches Bundesarchiv, Bern
S. 67 oben:	Schweizerisches Bundesarchiv, Bern
S. 67 unten:	Privatbesitz
S. 68 oben:	Felix Anderegg, Allgemeine Geschichte der Milchwirtschaft, Zürich 1894
S. 68 unten:	Wilhelm Anton Rogger, Luzern um 1900, Luzern 1965
S. 69 oben:	Stadtarchiv Luzern
S. 69 unten:	Zentral- und Hochschulbibliothek Luzern
S. 70:	Gletschergarten, Luzern
S. 71:	Schweizerisches Bundesarchiv, Bern
S. 72:	Schweizerisches Bundesarchiv, Bern
S. 73:	Schweizerisches Bundesarchiv, Bern
S. 74:	Privatbesitz
S. 75:	Privatbesitz
S. 76:	Privatbesitz
S. 77:	Privatbesitz

Dank

Melchior Dönnis Enkel hat mein Vorhaben von Anfang an unterstützt mit Archivmaterial aus seinem Privatbesitz. Auch Georg Dönni hat mir vertraut und mir Archivalien beschafft. Ich danke beiden.

Danken will ich auch Lisa Bollinger, Claudia Honegger, Christoph Hoffmann, Mirjam Janett und Markus Lischer. Sie haben das Manuskript gegengelesen und Schwachstellen markiert. Susanna Kraus Casutt vom Stadtarchiv Luzern, Markus Lischer vom Staatsarchiv Luzern, Silvia Hess und Mirjam Zürcher von der Zentral- und Hochschulbibliothek Luzern sowie Carla Roth vom Staatsarchiv Obwalden haben mich kundig beraten und mit dem gesuchten Stoff versorgt.

Dank gebührt schliesslich den Gönnern, die mich finanziell unterstützt haben: den Erben von Dr. Bruno Dönni, Immensee, der Avenira Stiftung, der Burgergemeinde Bern, dem Lotteriefonds Kanton Luzern (Swisslos) und dem Gemeindeverband Luzern Plus.